缝制机械行业职业技能系列培训教材

U0157833

自动裁床操作与维护技术

中 国 缝 制 机 械 协 会
广东元一科技实业有限公司　　◎联合编写

中国纺织出版社有限公司

内 容 提 要

本书内容涉及自动裁床的分类、主要机构及工作原理、整机调试和检验、操作使用、常见故障与维修。

本书可作为缝制机械行业技术人员的参考书。

图书在版编目（CIP）数据

自动裁床操作与维护技术 / 中国缝制机械协会，广东元一科技实业有限公司联合编写. -- 北京：中国纺织出版社有限公司，2021.6

缝制机械行业职业技能系列培训教材

ISBN 978-7-5180-8531-6

Ⅰ. ①自… Ⅱ. ①中…②广… Ⅲ. ①剪裁机 – 使用方法 – 技术培训 – 教材②剪裁机 – 维修 – 技术培训 – 教材 Ⅳ. ① TS941.562

中国版本图书馆 CIP 数据核字（2021）第 083414 号

责任编辑：范雨昕　　责任校对：寇晨晨　　责任印制：何　建

中国纺织出版社有限公司出版发行
地址：北京市朝阳区百子湾东里A407号楼　邮政编码：100124
销售电话：010—67004422　传真：010—87155801
http://www.c-textilep.com
中国纺织出版社天猫旗舰店
官方微博 http://weibo.com/2119887771
北京市密东印刷有限公司印刷　各地新华书店经销
2021年6月第1版第1次印刷
开本：787×1092　1/16　印张：9.5
字数：182千字　定价：198.00元

缝制机械是浓缩人类智慧的伟大发明。200多年来，无论是在发源地欧美，还是在如今的世界缝制设备中心——中国，缝制机械持续创新演变，结构不断优化，技术不断进步，功能不断增强，服务对象不断拓展，其对从业者的技能要求也日新月异，由此催生了无数能工巧匠。

据统计，目前全国从事缝制机械整机制造、装配、维修、服务的从业人员约有15万人。长期以来，提高缝制机械行业从业人员的技能水平和综合素养，加快行业职业技能人才队伍建设一直是中国缝制机械协会（以下简称协会）的重要任务和使命。从20世纪初开始，协会即着手联合相关企业、院所及专业机构，组织聘请各类行业专家，致力于适合行业发展状况、满足行业发展需求的新型职业技能教育体系的构建和完善。几年间，协会陆续完成行业职业技能培训鉴定分支机构体系的组建、《缝纫机装配工》国家职业标准的编制以及近百人的行业职业技能考评员师资队伍培育。2008年，《缝制机械装配与维修》职业技能培训教材顺利编写、出版，行业各类职业技能培训、鉴定及技能竞赛活动随之如火如荼地迅速开展起来。

在协会的引导和影响下，目前行业每年均有近5000名从业人员参加各类职业技能培训和知识更新，大批从业员工通过理论和实践技能的培训和学习，技艺和能力得到质的提升。截至2016年，行业已有6000余人通过职业技能考核鉴定，取得各级别的缝纫机装配工/维修工国家职业资格证书。一支满足行业发展需求、涵盖高中低梯次的现代化技能人才队伍已初具规模，并在行业发展中发挥着越来越重要的作用。

然而，相比高速发展的行业需求，当前行业技能员工整体素质依然偏低，高技能专业人才匮乏的现象仍然十分严峻。"十三五"以来，随着行业技术的快速发展，特别是新型信息技术在缝机领域的迅速普及和融合，自动化、智能化缝机设备大量涌现，行业从业人员技能和知识更新水平明显滞后，《缝制机械装配与维修》职业标准及其配套职业技能培训教材亟待更新、补充和完善。

2015年，新版《中华人民共和国职业分类大典》完成修订并正式颁布。以此为契机，协会再次启动了职业技能系列培训教材的改编和修订，在全行业广大企业和专家的支持下，通过一年多的努力，目前该套新版教材已陆续付梓，希望通过此次对职业培训内容系统化的更新和优化，与时俱进地完善行业职业教育基础体系，进一步支撑和规范行业职业教育及技能鉴定等相关工作，更好地满足广大缝机从业人员、技能教育培训机构及专业人员的实际需求。

"人心惟危，道心惟微"，优良的职业技能和职业技能人才队伍是行业实现强国梦想的重要组成部分。在行业由大变强的当下，希望广大缝机从业者继续秉承我们缝机行业所具有的严谨、耐心、踏实、专注、敬业、创新、拼搏等可贵品质，继续坚持精益求精、尽善尽美的宝贵精神，以"大国工匠"为使命担当，在新的时期不断地学习，不断地提升和完善自身的技艺和综合素质，并将其有效地落实在产品生产、服务等各个环节，为行业、为国家的发展腾飞，做出积极贡献。

中国缝制机械协会 理事长

2019年5月16日

自动裁床代表了当今世界裁剪领域的最新科技。使用自动裁床可以避免传统裁剪的手工操作、耗费大量劳动力的缺点，可以节省裁剪时间、人力和缝料，并能适用于各种最新的、难以铺就的缝料。

鉴于在高校和职业技术学院没有开设缝制机械相关专业的实际情况，而行业又十分缺乏懂得自动裁床原理、功能及操作维修的技术人才，中国缝制机械协会组织行业骨干企业编写本书，内容涉及自动裁床的分类、主要机构及工作原理、整机调试和检验、操作使用、常见故障与维修。本书内容丰富全面，实现一书在手，自动裁床知识全覆盖。

本书由徐小林担任主编，温军、李大明担任副主编，张晓余、罗毅、梁耀灿、吴鹏等参与编写。中国缝制机械协会和广东元一科技实业有限公司共同确定了该书的总体框架结构和主要内容。

由于编者水平有限，对书中存在的疏漏和不足之处恳请各位读者给予批评指正！最后向教材参与供稿者表示感谢！

编　者

2020年9月

目录

第6章　自动裁床的操作与维护 —— 90

第1章

自动裁床概述

1.1 自动裁床的诞生与发展

自动裁床是继自动铺布机问世后的又一大发明，它为服装工业以及软性材料工业的裁剪自动化做出了杰出贡献。

20世纪60年代，深受劳动力紧缺、用工成本上升之苦的美国纺织服装产业面临前所未有的挑战。坚信服装业必将走向自动化的格柏科技创始人约瑟夫·格柏苦心钻研，于1969年发明了第一台计算机控制的裁床S-70。该项发明为挽救美国本土服装工业立下汗马功劳，现在该裁床在美国华盛顿特区美国国家历史博物馆永久展示。随后，自动裁剪技术被传至欧洲，法国力克、德国奔马、KURIS等相继加入生产行列。

进入20世纪80年代，日本也迎来了真正的"服装时代"，步入高速发展期。然而，随着生产规模的扩大和产能的提高，日本国内市场逐渐趋于饱和，企业加快了生产业务向中国等海外转移的速度。在此背景下，日本川上、高鸟、NCA等企业也开始试水自动裁床的研发与生产，并获得成功。

在中国，直至2008年前后才出现自动裁床，国内出现了拓荒牛、和鹰等品牌的自动裁床。从2010开始，广东元一投入巨大成本，自主研发元一品牌自动裁床，并开发出了多项专利技术，如刀智能（裁刀自动补偿技术）、智能磨刀系统、高效裁头、智能裁剪软件、智能伺服电气系统、带气过窗技术、智能真空压力系统、打孔装置等，在技术应用层面遥遥领先。

2018年，广东元一发布了全新V9S自动裁床，该型号配备媲美国际顶级裁床的"黑科技"——刀智能（裁刀自动补偿技术），运用微米级智能感应装置与智能处理系统，对裁剪作业中的刀片变形进行动态补偿和纠正，能极大改善多层裁片上下层的误差，真正实现了高精度智能裁剪，全系列产品还支持物联网端口，有助于企业进行大数据收集与统计。

应时而生，与时俱进。从格柏第一台自动裁床S-70至今引领风潮的格柏Z7、力克Vector Fashion FX等新一代产品，自动裁床的外观、技术、性能均有较大改进。

与此同时，自动裁床的应用领域也越来越广泛，由服装工业逐渐拓展至箱包、汽车内饰、沙发、婴儿车、风力发电、高尔夫球杆、游艇等领域。

1.2 自动裁床行业的现状及存在问题

1.2.1 自动裁床行业的现状

据中国服装协会统计，目前我国规模以上服装企业已超过1.79万家（年销售收入500万元以上）。2009年，我国累计完成服装及衣着附件出口1070.51亿美元，全社会服装类消费超过11000亿元。从1995年起，中国纺织服装连续15年保持世界市场占有率第一的位置，被公认为全球最具诱惑力的消费市场。

但迄今为止，自动裁床在中国规模以上企业的普及率约为5%，而在欧美、日本等发达国家自动裁床的普及率高达近80%。在众多设备厂商眼中，尴尬现实下隐藏的却是巨大的商机，但由于纺织服装行业利润率低，使自动裁床的普及困难重重。尽管如此，随着劳动力的愈发紧缺和用工成本的上升以及人们对服装质量、个性化需求的提高，中国自动裁床市场必将迎来姹紫嫣红的春天。

1.2.2 存在的问题

自动裁床产业在中国蓬勃的发展势头振奋人心，但欣喜之余，一些业内专家提醒，必须重视当前自动裁床产业高端产品普及加速中存在的三大隐忧。

1.2.2.1 质量有待提高

自动裁床作为裁剪车间重要的生产装备，其产品质量直接关系到后续缝纫工作的进展。目前市场上自动裁床的表现仍不尽如人意，普遍存在噪声大、做工粗糙、高层裁剪上下裁片偏差大等问题。现在不少企业添置自动裁床的主要目的之一是减少对熟练工的依赖，节省人力成本，如果裁剪工减少大半，设备却不能正常持续运转，造成的损失无可估量。此外，终端用户对自动裁床的认识尚处于初级阶段，如果企业盲目将不成熟的产品推入市场，一旦产品质量问题集中爆发，将造成多米诺骨牌式效应，一发不可收拾。企业在选择自动裁床时，稳定性应摆在首位。

1.2.2.2 引进设备切勿盲目

企业决定引进自动裁床时应多方面考量与权衡，如果单看基本款的价格，似乎还能接受，但总体一算，服务、使用成本加起来，价格便贵得令人咋舌。有些企业单凭销售人员的介绍买回裁床后，发现很多面料因透气性差、易滑等问题导致裁剪效率还不及电剪刀，其所承担的工作量仅为30%，很是浪费。实际使用情况与销售人员所描述的有出入（以裁剪层高最为突出），这也是企业反映较多的问题。客户引进设备不能只关注眼前价格以及同行之间的盲目比拼。

在溢达，每台裁床的使用费用每年约为一万元（不包括服务成本）。裁床整体价格在下降，但近年来零配件价格反而上升。在采访过的数十家裁床终端用户中，企业提及最多的就是使用成本过高。据悉，目前很多裁床零件多为非标零件，定价权完全掌握在生产企业手中，用户只能听之任之。

1.3 自动裁床的分类和作用

1.3.1 自动裁床的分类

（1）按裁剪布料的方式不同可分为接触式与非接触式。

（2）按裁剪头的动力形式不同，裁剪系统可分为自动刀具裁剪系统、激光裁剪系统和高压水射流裁剪系统。目前在缝制行业使用的主要为激光裁床和自动刀具裁剪系统。

（3）自动刀具裁剪系统中按缝料被压缩后的高度不同又可分为中高层自动裁床、低层自动裁床、单层自动裁床及真皮自动裁床。

① 中高层自动裁床。中高层自动裁床的裁切高度，以缝料被真空吸附5cm以上为标志点，高度有5cm、6cm、7cm、8cm、9cm等。

② 低层自动裁床。低层裁床的裁切高度，一般在缝料被真空吸附后的高度为2.5cm或3cm。

③ 单层自动裁床。单层自动裁床又可分为定台式和滚动床面式。

a.定台式单层裁床。定台式单层裁床又可分为直刀鬃毛砖式定台裁床、气压圆刀透气垫式定台裁床及电动圆刀毡垫式定台裁床。

b.滚动床面式单层裁床。滚动床面式单层裁床又可分为气压圆刀透气垫式和电动圆刀毡垫式。

④ 真皮自动裁床。真皮自动裁床又可分为气压圆刀定台式真皮裁床、电动圆刀毡垫式真皮裁床及电动圆刀毡垫滚动床面真皮裁床。

1.3.2 自动裁床的作用

全自动裁床主要针对大规模缝制行业，在针织面料、机织面料、复合面料、工业合成面料、涂层面料、人造皮革、工业纤维等方面都有应用，在服装、制帽、航空饰件、家具、汽车装饰、箱包手袋、游艇、帐篷、伞具、工业纤维预制件行业的使用已经被广泛认可。

1.3.2.1 提升产品质量，提升企业形象

相对于手工裁剪工人强度大、需注意力高度集中、安全事故频发；而自动裁床按排料图裁剪，裁剪时无须裁剪工人操作，避免发生人员损伤，提升安全性。自动裁床的应用可使企业与世界管理水平接轨。统一、标准化的生产既是产品质量的保证，又可提升生产企业形象。

1.3.2.2 改善生产环境，降低工作强度，提升安全性

传统裁剪，布屑乱飞污染环境，容易给裁片造成飞屑污染，造成不良品率上升；应用数控裁剪机，裁剪产生的布屑可通过专用管道排出室外，使裁剪环境干净、整洁。自动裁床由计算机智能控制设备运行，仅需人工辅助，解放了人手，降低了劳动的强度，缩短了工作时间。自动裁床在制订好CAD模板的情况下，自动依照计划裁剪，一般不会出现手工

裁剪出现的裁剪大小片、滑片等现象。

1.3.2.3 改善传统的生产管理模式

自动裁床的使用可使剪裁、生产量稳定；生产数据准确，安排生产、订单具有准确性；降低人工使用率，操作人员责任明确；裁剪质量稳定，降低质量管理内耗；面料得到有效管理与控制。

1.3.2.4 提高生产效率，降低出错概率

应用自动裁床可提高裁剪效率，减少裁剪工人人员数量，由于裁片的裁剪质量有所提高，大幅提升后道的缝制效率。裁床与传统电剪刀相比，在后道的缝制效率可提升5%，减少了对人的依赖，使得管理裁剪人员变得更容易。随着经济的飞速发展，人们生活水平显著提高，人们对于服装的质量要求也在提高，追求的是新颖、时尚的设计、舒适的面料、精湛的做工。在新形势下，企业生产管理必须与时俱进，才不会被市场淘汰。产品质量的提升，大幅提高产品的档次和竞争力，从而增加企业的利润，提振了企业品牌。

精确的排板和裁剪使生产流程中缝前环节的裁片裁剪精度大幅提高，为生产精品服装打好了基础。特殊设计的高难度裁剪工艺，是人工无法完成或把控的，但自动裁床可以应对自如。从而提高产品品质。

1.3.2.5 降低成本

（1）减少用工成本。近年来，国内的生产企业各类生产成本快速上升，企业利润不断降低，智能自动化设备可以有效减少一线操作员工，实为生产企业降成本、提效益的升级转型之选。

（2）减少时间成本。自动化设备的引入，使工作效率大幅提高。与使用普通裁床对比，人工的裁剪速度每分钟2~3m，而自动裁床多数情况下均超过10m以上。自动裁床的应用大幅节约了裁剪时间，自动裁床裁剪的裁片还可免除再次修边，缝制过程中减少了修片时间，使得缝制速度加快，从而大幅提高生产效率。

（3）减少材料成本。精密的设备实现了精确的裁剪，大为提高布料利用率，也极大地减少了人工裁剪出错导致的浪费。

第2章

自动裁床的主要机构及工作原理

2.1 整机构成

各类自动裁剪系统因品牌和型号不同而各有特点，但主要结构均由自动裁床、系统软件、操作面板三部分组成。运用优质钢材的一体式框架结构设计，采用欧洲进口的大型加工中心加工，所有安装基准面一次装夹加工，确保所有安装点精确稳定。大容量的坚固腔体，可提供更稳定的气压值，且不易变形。

在安装使用时，无须拼接，无须二次调整，通电即可运行。完整的一体式结构也从根本上解决了裁头在高速运动时所产生的振动偏移，使裁剪时更加稳定，从而保证了裁剪的精度。自动裁床的基本结构均由裁剪台、横梁、裁头、收料台和操作控制台等组成。系统软件主要是连接并控制裁床进行系统工作。操作面板主要是协助裁床进行正确裁剪操作。常见自动裁床整机构成如图2-1所示。

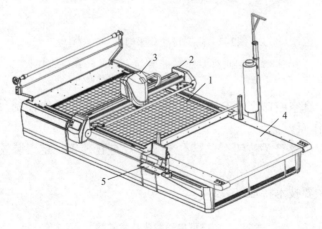

图2-1　裁床构成

1—裁剪台　2—横梁　3—裁头　4—收料台　5—操作控制台

2.2 工作原理

使用自动裁床进行裁剪时，首先将服装面料平铺在裁剪工作台上，并在裁片之间打上工艺孔以提高透气性。真空吸气装置吸气产生负压，压缩布料使之紧贴在裁剪工作台上，防止裁剪时布料滑动。计算机控制中心控制裁刀移动到裁剪起始点并旋转一定角度，使裁刀与起始点处的切线方位一致。然后按照待裁剪样片的实际参数所生成的裁剪路径进行裁剪，即振动电动机驱动裁刀上下振动，实现切削动作。

数控裁剪机是四轴三联动的运动控制系统，沿X轴和Y轴的位移电动机根据裁剪路径的要求，驱动裁刀在二维平面内按预设的裁剪路径裁剪。同时通过控制刀具旋转，使得裁刀刃口始终沿着裁片轮廓的切线方向，取得良好的裁剪效果。

2.3　主要机构及工作原理

自动裁床机构由主要机构和辅助机构两大类组成，目前在缝制行业中使用的主要为自动刀具裁剪系统。自动刀具裁剪系统又可分为高层自动裁床、低层自动裁床、单层自动裁床。图2-2为典型的高层自动裁床外形结构图。广东元一科技实业有限公司生产的V9S型高层自动裁床，其组成如下：

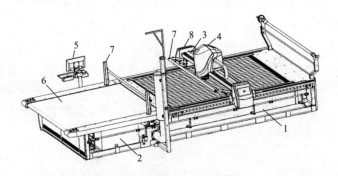

图2-2　高层自动裁床构成

1—真空腔体　2—真空电动机组　3—横梁　4—裁头　5—操作控制台
6—收料台　7—二次覆盖装置　8—横梁操作面板

（1）主要机构。真空腔体、真空电动机组、横梁、裁头、操作控制台、收料台、二次覆盖装置、横梁操作面板。

（2）辅助机构。急停开关按钮、单打孔装置、双打孔装置、定刀装置、冷却装置、安全装置、移动装置。

V9S型自动裁床主要技术特征见表2-1。

表2-1　V9S型自动裁床技术参数

项目	技术参数
最大裁剪高度/mm	90
裁剪窗口有效宽度/m	2.0
裁剪窗口有效长度/m	2.5
最大速度/（m/min）	100

续表

项目	技术参数
刀具振荡频率/（r/min）	6000
最大加速度	1.5g
总功率/kW	35
平均工作功耗/kW	15
真空噪声/dB（A）	75
真空变频技术	有
鬃毛砖材质	尼龙
鬃毛砖微孔技术	有
裁刀智能补偿技术	标配
磨刀系统	砂带
涂层面料冷却装置	空气直吹于刀具
真空抽吸方式	整体式真空吸压装置
裁割路径	路径优化
设备尺寸（长×宽×高）/mm	6300×3500×1700
重量/kg	4300

下面分别介绍自动裁床中组成整机的主要机构：真空腔体、真空电动机组、横梁、裁头、控制台、收料台、二次覆盖装置、横梁操作面板八大机构。

2.3.1 真空腔体

真空腔体的作用是用来裁剪面料、移动面料与真空电动机组及收料台配合形成一个裁剪动作。

2.3.1.1 结构特点

密封式框架腔体工作表面覆盖鬃毛砖（图2-3），鬃毛砖安装在型材上，而型材连接到框架腔体链条上，以构成鬃毛砖传送带工作面。由于鬃毛砖底部设有小孔，在面料抽真空过程中可以直接进行自上而下的抽气，吸附力量大，速度快，吸附质量好，而且在裁割过程中，裁面允许裁割刀片插入裁床裁面，而不会损伤裁面，从而为更好地裁割质量提供保障。

2.3.1.2 工作原理

当接通自动裁床系统的电源时，真空电动机组启动，真空打开，空气穿过鬃毛砖底部的小孔，将面料牢牢吸附在工作表面上。面料裁剪完后，电动机驱动带动鬃毛砖主动轴转动，链条带动鬃毛砖做传送带运动，与收料台配合完成一个裁剪动作。

图2-3 鬃毛砖

真空腔体机构如图2-4、图2-5所示。

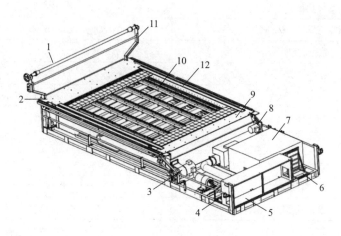

图2-4　真空腔体（一）

1—薄膜支撑轴　2—进料端盖板　3—鬃毛砖电动机　4—计算机　5—电控箱　6—变频器　7—真空电动机组
8—收料台电动机　9—过窗梳子　10—流利条　11—薄膜支撑侧壁　12—工业皮带

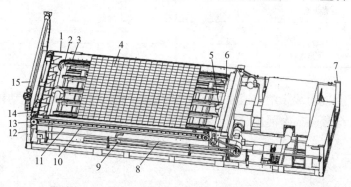

图2-5　真空腔体（二）

1—框架腔体　2—鬃毛砖从动轴　3—双侧翼板链条　4—鬃毛砖　5—导向轮　6—鬃毛砖主动轴　7—收料台支架
8—侧板支架梁　9—拖链　10—导轨　11—开口同步带　12—前支架　13—同步带轮　14—X轴　15—薄膜支撑轴

2.3.2　真空电动机组

真空压力系统采用多段式透浦风机，最高负压-25MPa；变频式电动机，可灵活设置吸力，适应面更广；采用中央真空泵设计，节能且可有效降低噪声；真空压力大，在同样裁剪高度下可增加更多层数，大幅提高裁剪效率；真空压力智能补偿，压力均匀且稳定；面料不易走位，提高裁剪品质。

2.3.2.1　结构特点

真空电动机组的作用是向真空腔体提供真空，配合真空腔体完成裁剪动作。

真空电动机组均由电动机、真空风泵机、底板及排气管接头组成（图2-6）。

2.3.2.2　工作原理

电动机驱动皮带轮由皮带传动带动真空风泵机转动，真空风泵机进气口连接框架腔体进气口，真空气压经排气管接头送到真空腔体。

2.3.3 横梁

横梁的作用是裁头的支撑和底架，用以控制裁头沿自动裁床桌面的Y轴横向移动，保证自动裁床可以精确地裁剪复杂的样片。

2.3.3.1 机构组成

横梁机构由左右两侧对称布置的底座、支撑面板和横向设计的两根同步带槽组成。在同步带槽中各设有导轨和同步带，在同步带槽一端设有电动机带动同步带移动，以控制裁头作Y轴横向移动。

2.3.3.2 工作原理

横梁机构是横向安装在框架腔体两侧，通过两侧同步带带动做X轴纵向移动，以实现自动裁床沿X、Y、C三轴运动。

横梁机构如图2-7所示。

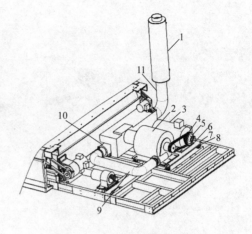

图2-6 真空电动机组示意图

1—外消音器 2—真空风泵机 3—三相异步电动机
4—窄V带 5—主电动机V带轮 6—异步电动机底板
7—真空风泵机底板 8—减振弹簧 9—排气管接头
10—消音器 11—排气管弯头

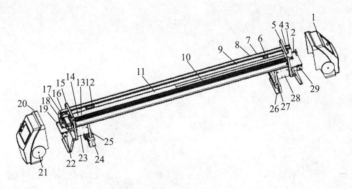

图2-7 横梁机构构成

1—X轴端后罩 2—被动轮座 3—Y轴被动轮座 4—Y轴被动同步带轮 5—X轴端后罩内封板 6—极限开关座
7—Y轴同步带槽 8—开口同步带 9—Y轴盖板 10—导轨 11—Y轴拖链盖板 12—极限开关座 13—Y轴极限加长杆
14—Y轴防撞 15—X轴端前罩内封板 16—Y轴同步带轮 17—电动机 18—Y轴电动机座 19—被动轮座 20—X轴端前罩
21—防撞板 22—防撞固定板 23—Y轴加强筋a 24—Y轴底座A 25—支撑面板A 26—Y轴底座B 27—支撑面板B
28—Y轴加强筋b 29—Y轴被动轴

2.3.4 裁头

裁头的作用是控制裁刀沿自动裁床横梁上的横向宽移动，旋转裁剪角、曲线和剪口，保证自动裁床可以精确地裁剪复杂的样片。

裁头构成如图2-8所示。

2.3.4.1 机构组成

裁头由刀盘（图2-9）、振动头（图2-10~图2-12）、C轴（图2-13）、磨刀器（图2-14）、磨刀器锁紧装置（图2-15）五大组件组成。刀盘在裁刀切割面料时压平面料表面。振动头控制裁刀上下往复运动。C轴控制刀盘做旋转运动。磨刀器是用来研磨裁刀的，

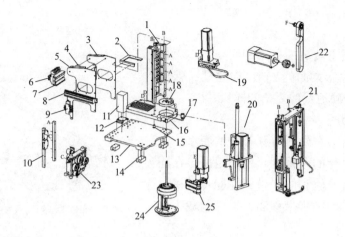

图2-8　裁头构成

1—振动电动机座90　2—拖链连接板　3—裁头加固板（右）　4—支撑杆　5—裁头加固板（左）　6—五通阀1　7—五通阀2
8—端子排　9—五通阀3　10—导轨1　11—变换器　12—比例阀底座板　13—Y轴滑块固定板　14—导轨2
15—振动电动机座定销　16—底板　17—感应开关器　18—C轴偏角同步轮　19—C轴组件　20—单打孔装置
21—振动头组件2　22—振动头组件3　23—振动头组件1　24—刀盘组件　25—磨刀器组件

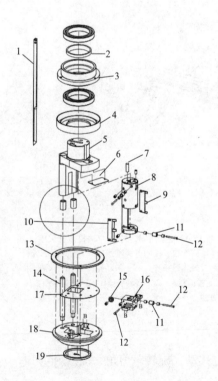

图2-9　刀盘

1—V6薄片刀　2—垫圈　3—刀头旋转头固定座
4—防护罩　5—刀头旋转夹头　6—接线端盖板
7—圆柱销　8—刀头旋转夹座　9—裁刀夹板薄刀
10—裁刀夹板　11—钨圈套　12—钨圈套轴销
13—刀盘垫圈　14—刀盘导柱
15—刀盘定位轴承座　16—底盘裁刀限位块
17—刀盘盖板　18—刀盘　19—刀盘底盖

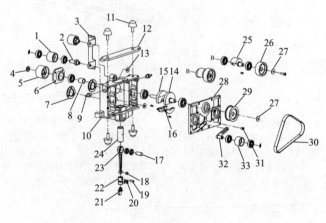

图2-10　振动头A

1—平带张紧轮　2—同步张紧轮轴　3—护带板　4—皮带轮前垫
5—主动平带轮　6—轴承座1　7—轴承座2　8—偏心轴轴承
9—振动座汽缸升降螺栓　10—振动座　11—锥度减振器
12—振动座上盖板　13—平带张紧轮螺栓垫　14—偏心轮B2
15—偏心轮B　16—偏心轮A　17—连杆销　18—连杆轴　19—活塞销
20—活塞体2　21—裁刀连接头　22—活塞体1　23—连杆
24—振动轴套　25—平衡轮　26—被动同步轮　27—皮带轮前垫
28—振动座前造　29—主动同步带轮　30—GATES同步带
31—振动座前销钉　32—同步带张紧轮支架　33—同步带张紧轮

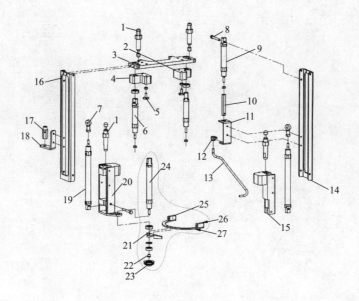

图2-11　振动头B

1—可调型油压缓冲器　2—振动头缓冲垫右　3—振动头升降支撑板　4—振动头缓冲垫左　5—机头减振垫　6—汽缸1
7—鱼眼接头　8—磨刀汽缸螺栓　9—汽缸2　10—钢丝接头　11—固定块　12—拉紧定位套B　13—固定软管
14—振动头升降支架右　15—振动头升降汽缸固定座右　16—振动头升降支架左　17—冷气枪底座
18—冷气枪底座板　19—汽缸3　20—振动头升降汽缸固定座左　21—刀盘升降　22—刀盘升降轴承轴　23—刀盘升降支架
24—汽缸4　25，26—气头A　27—冷气泵支架

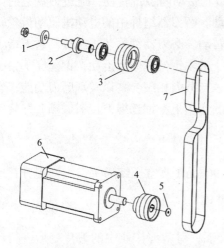

图2-12　振动头电动机及皮带传动

1—振动头皮带张紧轮垫圈　2—振动头皮带张紧轮轴
3—振动头皮带张紧轮　4—振动头电动机皮带轮
5—振动头电动机垫圈　6—电动机
7—工业皮带

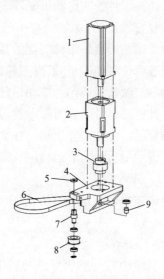

图2-13　C轴构成

1—伺服电动机　2—减速机　3—偏角同步轮
4—裁头C轴电动机座　5—偏角同步带压轮锁紧垫
6—时规同步带　7—裁头C轴同步带张紧轮螺杆
8—裁头C轴同步带张紧轮　9—裁头C轴定位轴

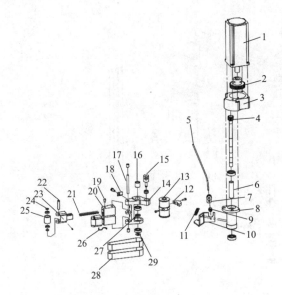

图2-14 磨刀器

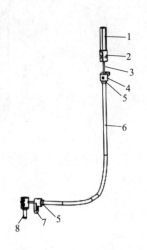

图2-15 磨刀器锁紧装置

1—伺服电动机 2—电动机齿轮 3—磨刀齿轮箱-90 4—磨刀齿轮轴 5—包胶钢丝绳
6—磨刀主动轴垫套 7—拉紧定位套A 8—磨刀支架 9—导管接头 10—旋转拉紧座
11—磨刀拉簧 12—磨刀主动轮传动块 13—磨刀主动轮 14—磨刀主体 15—钢丝绳
上接头 16—磨刀垫圈 17—活塞体长轴 18—磨刀拉簧连接板 19—磨刀活塞销
20—磨刀活塞体 21—磨刀弹簧 22—轴承轴 23—磨刀从轮安装体 24—轴承垫片
25—磨刀从轮 26—磨刀拉钩 27—轴承垫 28—磨刀砂带V6 29—轴承压片

1—钢丝接头 2—钢丝绳上接头
3—钢丝绳 4—拉紧定位套A
5—导管固定接头 6—固定软管
7—拉紧定位套B 8—钢丝绳下接头

采用3组砂轮带组成的自动磨刀装置。磨刀器锁紧装置是在研磨裁刀时，将磨刀器锁紧。

2.3.4.2 工作原理

振动头组件中的电动机驱动皮带轮带动平面皮带转动，通过振动头带动裁刀沿导轨做上下往复直线运动。C轴组件中的电动机驱动同步带轮带动同步带转动，通过刀盘上的同步带轮传递至刀盘，带动刀盘沿裁刀中心做旋转运动。磨刀器组件中的电动机驱动齿轮转动，通过齿轮轴传递至3组磨刀轮，带动3组砂轮带转动。磨刀器锁紧装置在接到磨刀指令时，由汽缸做收回动作，拉动钢丝绳接头向上运动，带动钢丝绳向上运动，钢丝绳下接头做逆时针旋转，带动磨刀器砂轮带组做逆时针旋转，与裁刀相贴合，以实现磨刀功能；当指令结束后，汽缸做伸出动作在磨刀器组件中拉簧的作用下，钢丝绳下接头做顺时针旋转复位，带动钢丝绳向下运动，从而使磨刀器组件复位。

2.3.4.3 高效裁头

业内顶级的转速最高可达6000r/min，最高可裁90mm（真空压缩后），大幅提升裁剪效率。

2.3.4.4 刀智能

在微米级智能感应部件与智能控制系统的结合下，对裁剪作业中的刀片变形进行动态补偿和纠正，极大改善裁剪过程中上下层面料的误差；刀智能的作用是保证裁片底面相同，外形不变，当裁刀在裁布时，布会把刀向外推，使得裁片底面及外形有偏差，这时刀智能便会起作用，把刀锋向相反方向转动，令向外推的力被抵消，使裁片保持底面相同，外形不变。

刀智能参数如下：

（1）刀智能灵敏度（KG）。灵敏度越高，刀智能感应外力的速度越快，所以要裁硬布时，推刀的外力已很大，便无须太强的感应，灵敏度便不需要太高；相反，裁软布时推刀的外力很小，力度太小时可能不足以令刀智能产生效用，所以便要加大灵敏度，令感应外力的速度加快。

（2）补偿角度（DA）。从刀智能感应到有外力的存在，此时计算机便发出信号令刀向相反的方向转动，把向外推的力抵消，而刀锋转动角度的大小，取决于此参数，推刀的外力越大，补偿角度便要加大，相反情况便要减小补偿角度。

2.3.4.5 智能磨刀系统

根据面料可选择不同规格的砂带，避免裁刀造成锯齿形损伤，同时可设置仅在拐角处提刀并磨刀，保证裁剪品质。

2.3.5 操作控制台

操作控制台的作用是运行自动裁床。操作控制台可以是一个独立或者附连的架台，也可以是一个直接安装在裁床边上的PC系统。

操作控制台包括监视器、按钮控制面板、键盘和带有硬盘驱动、磁盘驱动和CD-ROM驱动的计算机装置。监视器显示PC上的信号。按钮控制面板用于对自动裁床进行操作。键盘用于输入资料并与程序通信。计算机装置用于存储操作程序、接收命令、处理裁剪文件资料和参数设置。操作控制台构成如图2-16所示。

2.3.6 收料台

收料台的作用是将裁片移出自动裁床传送到桌面上以便进行收集和捆包，或者裁片可以直接在收料台中收集，碎布片可以直接归入垃圾箱，其与鬃毛砖传送带同步移动。

2.3.6.1 机构组成

收料台由履带式传送带、传动轴和驱动装置三大组件组成。驱动装置由电动机、驱动底座、传动机构等组成。

2.3.6.2 工作原理

电动机驱动链轮转动经链条带动传动轴转动，借助传动轴与履带式传送带之间的摩擦力使履带式传送带运动。收料台结构如图2-17所示。

2.3.7 二次覆盖装置

二次覆盖装置的作用是用来覆盖住在裁剪过程中已经裁剪过的面料，以防止真空腔体漏气，影响气压大小。

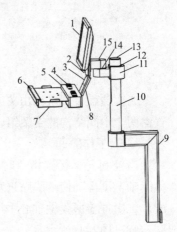

图2-16 操作控制台

1—计算机显示器 2—计算机台线槽盖a
3—计算机台主板 4—按钮 5—按钮盒
6—键盘托板 7—计算机台抽屉
8—计算机台线槽盖b 9—计算机台支架
10—计算机台支柱 11—计算机台调节块
12—防刮垫圈 13—计算机台支柱上盖
14—垫圈 15—计算机台关节

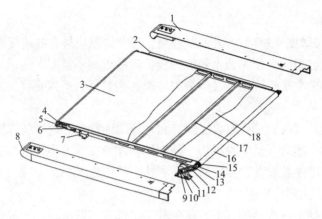

图2-17 收料台

1—收料台上盖左 2—收料台侧壁左 3—传送带 4—传送带从动轴 5—轴承座UCFB204 6—收料台调节板
7—收料台侧壁右 8—收料台上盖右 9—电动机 10—传送带主动链轮 11—收料台电动机底座 12—链条
13—传送带被动链轮 14—轴承座UCFL204 15—传送带被动轴法兰 16—传送带主动轴 17—收料台支撑杆
18—传送带木板

2.3.7.1 机构组成

二次覆盖装置机构由覆盖薄膜、二次覆盖薄膜轴、支架和控制元件组成。二次覆盖装置由两个不同结构的支架组,分别安装在横梁和收料台前端。

2.3.7.2 工作原理

当控制元件接到指令时,汽缸动作,带动升降臂进行上下摆动运动,带动二次覆盖薄膜轴上下运动使薄膜贴近裁剪面料。二次覆盖装置一端随着横梁移动对覆盖薄膜进行收放。二次覆盖薄膜轴轴心采用橡皮筋的结构,具有自动收放薄膜的功能。二次覆盖装置如图2-18、图2-19所示。

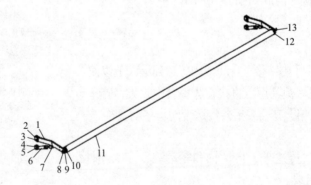

图2-18 二次覆盖装置(一)

1—升降臂 2—底座 3—摆杆轴 4—汽缸底座 5—汽缸尾销轴 6—汽缸 7—汽缸连接销轴 8—二次覆盖轴A
9—二次覆盖定位块 10—转子 11—二次覆盖薄膜轴 12—轴端盖 13—二次覆盖端轴

2.3.8 横梁操作面板

横梁操作面板是连接在自动裁床横梁靠近操作员的一端,具有控制刀头和横梁的桌面功能。

横梁操作面板由紧急停止开关按钮、启动开关按钮和触摸显示屏组成。横梁操作面板构成如图2-20所示。紧急停止开关按钮可在紧急情况下停止自动裁床当前的操作。启动开关按钮即开始在自动裁床上进行裁剪。触摸显示屏可显示功能控制按钮。

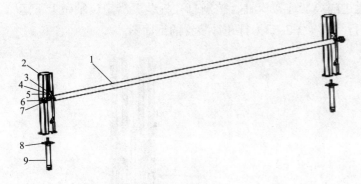

图2-19 二次覆盖装置（二）

图2-20 横梁操作面板

1—二次覆盖薄膜固定轴 2—支撑架 3—支撑块 4—限位套 5—限位套轴
6—五星通孔 7—二次覆盖加长杆 8—汽缸底座 9—汽缸

2.4 辅助机构

2.4.1 打孔装置

智能伺服电动机、进口汽缸的结合，在提供强劲穿透力的同时，能快速精准地完成打孔作业，并提供极高的稳定性和极强的适应性。

2.4.1.1 单打孔装置

单打孔装置可为裁剪面料打单孔。

单打孔装置安装在裁头底板上刀盘前方，包括汽缸、电动机、导轨、打孔底座板。当单打孔装置接到指令时，汽缸动作推动打孔底座板沿导轨做上下运动，带动电动机上下运动。电动机伸出轴端通过打孔钻夹连接有打孔钻针，打孔钻针通过电动机驱动。单打孔装置如图2-21所示。

2.4.1.2 双打孔装置

双打孔装置可为裁剪面料打大小不同的双孔。

（1）机构构成。双打孔装置包括两组大小不同的打孔针装置、齿轮组、电动机和双打孔底座板，安装在裁头底板上刀盘的前方。双打孔装置如图2-22所示。

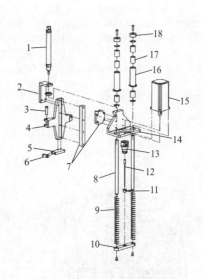

图2-21 单打孔装置

1—汽缸 2—V9S打孔汽缸座 3—打孔销轴
4—打孔连接板 5—激光固定板
6—十字光标定位板 7—导轨 8—打孔导柱
9—打孔弹簧 10—导柱固定板 11—打孔铜套
12—打孔钻针 13—打孔钻夹
14—V9打孔底座板 15—伺服电动机
16—V6打孔轴承座 17—直线轴承隔套
18—打孔柱缓冲胶

（2）工作原理。电动机驱动齿轮带动齿轮组转动，齿轮组中的齿轮通过键传动带动打孔轴转动，打孔轴通过横向设计的销带动导向轴转动，导向轴带动钻夹头转动，钻夹头末端固定打孔针。导向轴上端通过隔离套连接汽缸，控制打孔针装置沿定位轴做上下运动。定位轴下端装有压缩弹簧进行复位。图2-23为打孔针装置的剖面图。

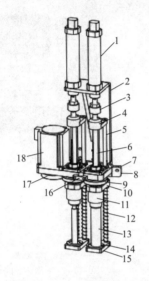

图2-22　双打孔装置

1—汽缸　2—双打孔汽缸支架　3—浮动接头　4—双打孔隔离套　5—双打孔定位轴　6—双打孔导向轴　7—双打孔轴承座　8—上打孔底座　9—双打孔齿轮　10—双打孔定位块　11—双打孔钻夹头　12—双打孔弹簧　13—双打孔针　14—双打孔钻套　15—双打孔压板　16—双打孔原点定位块　17—双打孔电动机齿轮　18—双打孔电动机

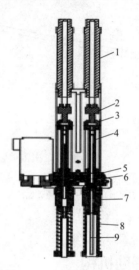

图2-23　打孔装置剖面图

1—汽缸　2—浮动接头　3—双打孔隔离套　4—双打孔导向轴　5—双打孔轴承座　6—退料针芯轴　7—双打孔钻夹头　8—双打孔针　9—双打孔退料针

2.4.2　定刀装置

定刀装置是对刀盘进行限位，保持刀盘在限定的位置正常工作。

2.4.2.1　机构组成

定刀装置由刀盘定位座、刀盘定位轴、刀盘定位块、刀盘定位齿、定位汽缸、定位拉簧组成。定刀装置如图2-24所示。

2.4.2.2　工作原理

刀盘下降推动刀盘定位块向下运动，带动刀盘定位轴沿刀盘定位座的槽口向下运动，当刀盘下降到指定位置时，定位汽缸推动刀盘定位齿与刀盘定位轴上的齿形相啮合，刀盘定位轴被锁紧，通过刀盘定位块将刀盘进行限位。定位拉簧将定刀装置进行复位。定刀装置与刀盘配合如图2-25所示。

2.4.3　冷却装置

冷却装置作用是让裁床在裁剪过程中瞬时保持刀片

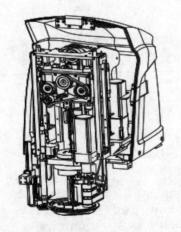

图2-24　定刀装置

的冷却常温。刀片的瞬间冷却，使得裁床在裁剪时不用减速，不致裁剪复合材料出现熔边，提高了裁剪效率和品质。冷却装置如图2-26所示。

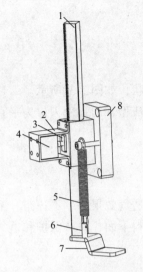

图2-25　定刀装置与刀盘配合

1—刀盘定位轴　2—刀盘定位汽缸
3—刀盘定位齿　4—汽缸　5—拉簧
6—刀盘定位拉簧轴　7—刀盘定位块
8—刀盘定位座

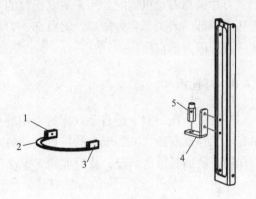

图2-26　冷却装置

1—气头a　2—冷气泵支架　3—气头b
4—冷气枪底座板　5—冷气枪底座

2.4.4　安全装置

安全装置可使横梁在工作中避免发生碰撞，紧急停止。安全装置包括防撞板、防撞轴和行程开关。当横梁触碰到两侧的防撞板时，通过防撞轴触碰到行程开关进行断电，使横梁紧急停止。安全装置如图2-27所示。

2.4.5　移动装置

移动装置的作用是控制裁床的移动。移动装置包括天轨、地轨、电缆线和气管。天轨用来固定电缆线和气管沿轨道移动，安装于天花顶上。地轨（图2-28）安装于地面上，用来固定自动裁床沿轨道移动。

2.4.6　砂带

砂带是磨刀器的辅件，是一种特殊产品，其载体的表面是由多层磨粒形成的砂面。砂带磨削是一种弹性磨削，具有磨削

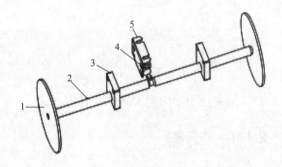

图2-27　安全装置

1—防撞板　2—防撞轴　3—防撞固定板　4—防撞开关
5—防撞开关固定座

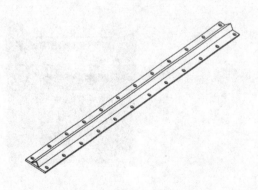

图2-28　地轨

速度稳定、精度高、成本低等优点，如图2-29所示。

2.4.7 刀片

刀片是与刀盘机构配合用来裁剪面料的，其形状大多为平直状，如图2-30所示。刀片包括刃口部、刀头部和夹持部。刃口部、刀头部和夹持部是一体成型，刃口部刀口为平直状，刀头部为垂直面。

2.4.8 打孔纸

打孔纸（图2-31）是自动裁床的专用辅料，具有表面光滑、透气效果好、不掉布、不粘布、工作效率高、节约成本的特点。裁剪时把打孔纸铺垫在面料下面，具有保护和透气的作用，使面料紧密结合，裁剪准确无挪动移位现象。

图2-29　砂带　　　　　　　图2-30　刀片　　　　　　　图2-31　打孔纸

2.4.9 吊夹

吊夹是用于固定天轨的安装附件。

2.4.10 稳压器

稳压器用于对电压进行调整控制，在指定的电压输入范围内，经过电压的调节能使输出电压稳定在指定范围内，用来确保用电设备可以正常的稳定工作、安全用电，提供可靠的电力保障，减少用电设备的耗电量。稳压器如图2-32所示。

图2-32　稳压器

2.4.11　空压机

空压机（图2-33）是气源装置中的主体，它是将电动机的机械能转换成气体压力能的装置。用于给自动裁床输送压缩空气和提供空气动力源。

图2-33　空压机

2.4.12　空气过滤器

空气过滤器（图2-34）用于处理压缩空气系统中的杂质、润滑油和冷却水。由于空压机出口的空气中含有相当多的油分和水蒸气，而且很多产品和设备在制造与使用中对油和水很敏感，要对空压机输出的压缩空气进行过滤处理后，才可用作设备的动力。

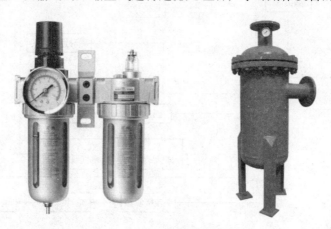

图2-34　空气过滤器

复习思考题

1. 简述裁床的主要机构组成。
2. 简述裁床的整机构成及各机构的工作原理。
3. 裁床的辅助机构分别有哪些？

第3章

自动裁床的自动控制电路及元器件

3.1 运动控制卡接线图

自动裁床是全自动化设备，自动化程度高，电路接线比较简单（图3-1）。这是因为控制电路都用运动控制卡内部处理，电路图分为三部分，一是运动控制卡接线图；二是伺服驱动接线图；三是强电线路接线图。

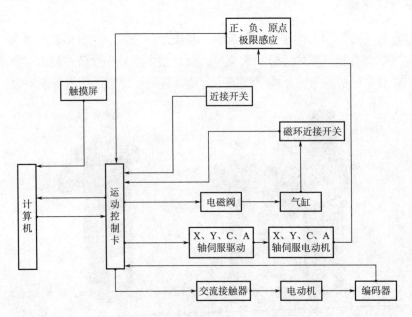

图3-1 自动裁床电路接线示意图

运动控制卡接线图中的电器符号如图3-2所示。

运动控制卡接线图如图3-3所示。

运动控制卡接线分为三部分：以EXO为主的是输出，EXI是以磁环感应和常开触点为主的信号输入，还有以LIMIT为主的极限感应输入。

从图3-2中可以看出，EXO0~EXO15为输出，控制电磁阀、继电器、灯，还有变频器的正反和伺服驱动的正反，P2为24V公共电源；EXI0~EXI6为按钮的常开触点公共端，为运动控制卡自带的GND。GND为零伏；EXI8~EXI14为汽缸上的磁环感应输入，公共端为

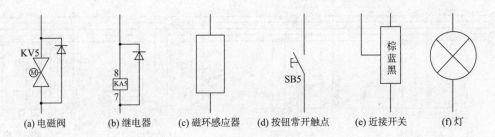

图3-2 运动控制卡接线图中的电器符号

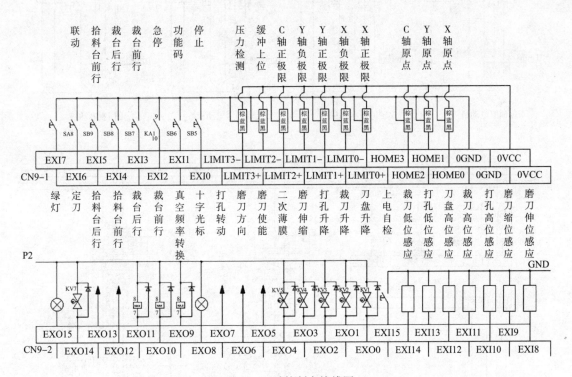

图3-3 运动控制卡接线图

GND, ND为运动控制卡自带, GND为零伏; HOME0~LIMIT3+为轴极限和原点近接开关的输入点, 公共端有两个, 分别为CV+的24V和GND的零伏。

综上所述, CV+和GND为运动控制卡自带24V, 为接近开关和磁环感应供电, 与P2的24V是不同线路, 在接线和检查线路时要分清。接近开关需要接CV+和GND, 磁环感应只需要接GND。因为接近开关和磁环感应的工作原理和做法不一样, 所以接线也不一样。

3.2 伺服驱动接线图

如图3-4所示为伺服驱动接线图。

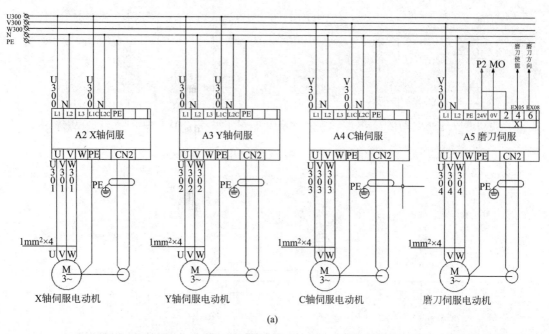

(a)

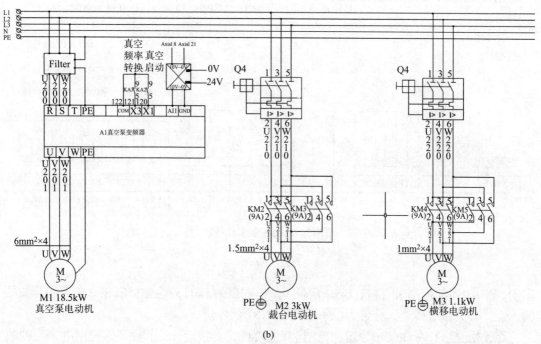

(b)

图3-4　伺服驱动接线图

在图3-4中可以看出，U300、V300、W300为380V的三相电，N为零线，PE为地线。

根据伺服驱动器的不同所需电压也不同，按接线图来看这里所有驱动器都是220V。又因为驱动器的功率不同，所以分到了不同的线相上。以此可以看出，所有伺服驱动都是由这里供电的，又分到了不同的线相上，但是功率又应不同，这样是为了保证供电电流三相平衡。

因伺服驱动器不同，接线方法也不同，其中X、Y、C轴需要接两组220V为它们供电，其中一组为工作用电，一组为驱动器内部供电。每个驱动器只能在同一相线上，并有良好的接地，下面的U301、V301、W301到U303、V303、W303是到伺服电动机的动力线，PE接地，CN2为伺服电动机编码器线。

其中磨刀驱动器又有些不一样，在一相220V的工作用电的基础上，还需要一组24V的内部显示供电。U304、V304、W304为伺服电动机动力线，CN2为伺服电动机编码器线，PE是地线，XI为电动机转向控制线。

打孔伺服、振刀伺服和收料台变频器供电接线是一样的，由一组220V供电。打孔伺服CN0为电动机启动控制。收料台的COM、FWD、REV为电动机正反转控制，COM是公共端，FWD是电动机正转，REV是电动机反转。其中COM上有两个常开触点是联动开关控制。

3.3　强电线路接线图

强电线路接线图如图3-5所示，接线图可分为六部分。强电线路接线图中的电器符号，如图3-6所示。

如图3-7所示，A、B、C为380V电源输入，在经过一个63A空气开关后，接到KM0的线圈A2上。

接零线：经过按钮关的常闭点后并两条线，一条并到按钮开的常开点，一条并到KM0常开上做自锁用，然后将常开点的另一端和KM0常开的另一端并成一条线，接到KM0的线圈A1上。

如图3-8所示，从KM0交流接触器的常开点，接三条火线到KM1交流接触器的常开点上，其中U2、V2需要并两条线，经过保险丝到隔离变压器输入点，隔离变压器输出点接

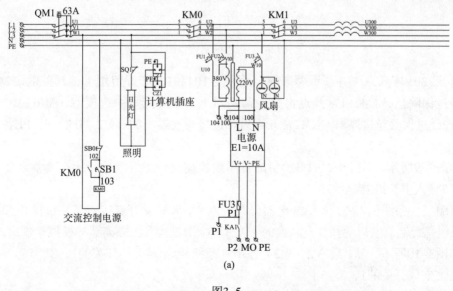

(a)

图3-5

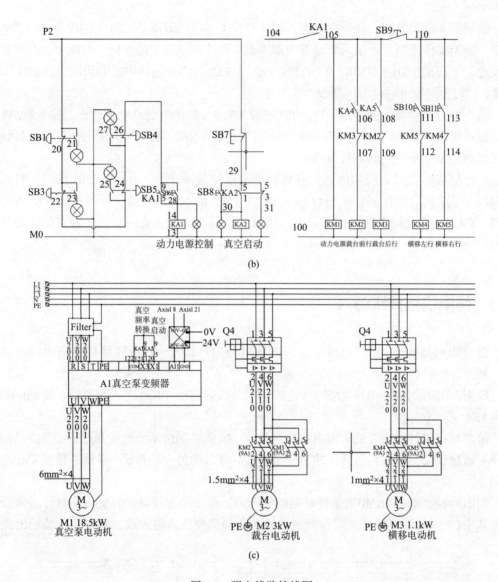

图3-5 强电线路接线图

开关电源220V输入点（并预留两条线，用线号104和100套好留用），开关电源24V输出正极经过保险丝，接KA1常开点再并一条到P1上，常开点另一边接P2，M0接M0，PE接PE。W2经过保险丝接风扇。KM1常开点另一边接滤波器（U1、U2、U3、N、PE各留一条备用）。

如图3-9所示，U1、U2、U3预留的备用线，在经过滤波器后，接在真空泵变频器的R、S、T输入上，PE接地线。

COM接一条线到KA2、KA3继电器公共触点上，KA3常开点接X3，KA1常开点接X1，这三条线是控制真空启动和真空转换的。AL1和GND是接有源隔离器的模拟量输出。

如图3-10所示，从U2、V2、W2上各引一条线接到Q4空气开关的1、3、5上。各并一条线到Q5空气开关的1、3、5上。

Q4空气开关的2、4、6各接一条线到KM2交流接触器的常开点1、3、5上，再各并一条

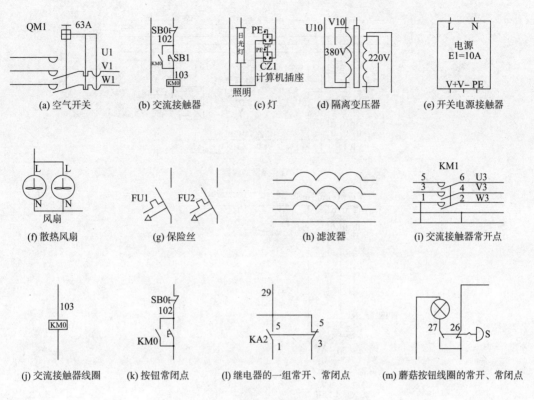

图3-6 强电线路接线图中的电器符号

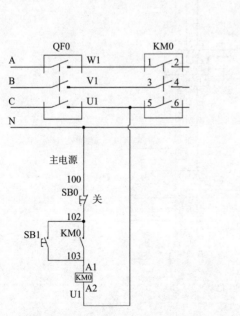

图3-7 电源输入接线图

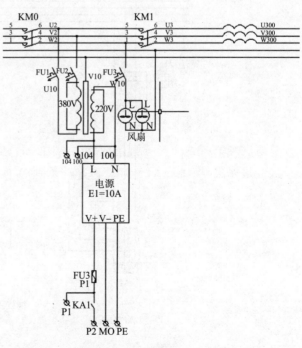

图3-8 交流接触器接线图

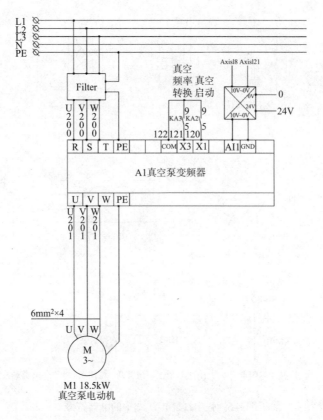

图3-9 真空泵变频器接线图

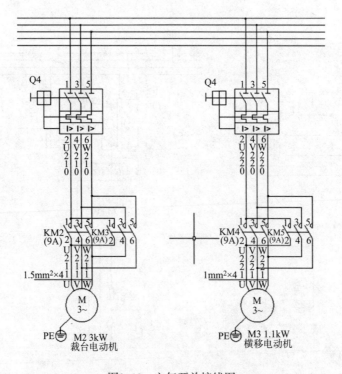

图3-10 空气开关接线图

线到KM3交流接触器的常开点1、3、5上，KM2常开点的2、4、6各接一条到KM3交流接触器的4、2、6上。注意：KM2上的2接到KM3的4上，KM2上的4接到KM3的2上，两条相互调反，这样就是电动机正反转。

Q5空气开关的2、4、6各接一条线到KM4交流接触器的常开点1、3、5上，再各并一条线到KM5交流接触器的常开点1、3、5上，KM4常开点的2、4、6各接一条到KM5交流接触器的2、4、6上。（注意：KM4上的2接到KM5的4上，KM4上的4接到KM5的2上，两条相互调反，这样就是电动机正反转）。

3.4 常用元器件

电气控制回路常用的元器件，包括断路器、交流接触器、中间继电器、直流开关电源、按钮、指示灯、行程开关、熔断器、伺服驱动、运动控制卡、接近开关、伺服电动机、滤波器、隔离变压器、变频器、编码器、减压器、电磁阀、空气过滤器。

通过了解各元件结构和工作原理来掌握它们在电气回路中所起的作用。

3.4.1 断路器

低压断路器又称自动控制开关。低压断路器是一种既有手动开关的作用，又有自动进行失压、欠压、过载和短路保护的电器。

3.4.1.1 用途

断路器用于分配电能，不频繁启动异步电动机，对电源线路及电动机用电设备进行保护。当它们发生严重过载或长时间超载、短路、欠压等故障时，能自动断开短路，保护设备和人员安全以防发生火灾或爆炸。

3.4.1.2 实例

断路器如图3–11所示。

(a) 大型电流断路器

(b) 3P+N断路器

(c) 2P断路器

(d) 小型1P+N断路器

图3–11 断路器

大型电流断路器用于大型配电柜200~6300A，保护变压器二次回路避免变压器超负载运行。3P+N断路器多用于三相五线制的供电线路。2P断路器用于工业照明220V机器供电。1P+N断路器因体积小而多用于家用配电。

3.4.1.3　工作原理

图3-12为断路器工作原理图。

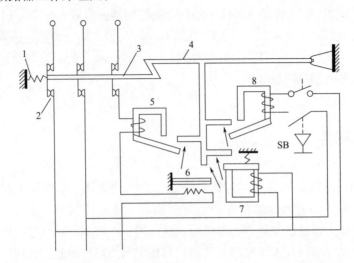

图3-12　断路器工作原理图

1—拉力弹簧　2—主触头　3，4—脱扣装置　5—过电流脱扣器　6—过载脱扣器　7—失压脱扣器　8—分励脱孔器

（1）拉力弹簧。当脱扣装置3和4分开的那一瞬间，拉力弹簧的拉力让主触头的触点瞬间断开，瞬间灭弧（带负载断开断路器，过慢会产生高温电弧，烧坏触头）。

（2）主触头。用于断开和连接电路。

（3）脱扣装置。主要联动脱扣装置。

（4）过电流脱扣器。由磁通铁条线圈组成。当电流过大通过脱扣器时，线圈产生足够的电磁力，吸合下面的铁块，铁块打动脱扣装置，使脱扣装置动作，断开电路。

（5）过载脱扣器。由加热线圈双金属片组成，当负载长时间，过载加热线圈温度会升高，然后把双金属片加热，加热到一定温度时由于两种金属热胀冷缩的系数不一样，会导致双金属片向上弯曲达到脱扣装置，使脱扣装置动作，断开电路。

（6）失压脱扣器。由弹簧磁通铁条线圈组成，当小于额定电压时线圈产生的磁力不足以克服弹簧拉力，弹簧拉动铁条，使脱扣装置动作，断开电路。

（7）分励脱孔器。分励脱扣器本质上是一个分闸线圈加脱扣器，给分励脱扣线圈加上规定的电压，断路器就脱扣而分闸。当发生火灾时，消防控制室发出报警信号，分励脱扣器常用在远距离自动断电的控制上，用得最多的就是消防控制室切断非消防电源。

3.4.1.4　符号和型号

（1）断路器的文字符号为QF，图形符号如图3-13所示。

（2）型号特点：

① 动作电流不同。C型的动作电流在额定电流的5~10倍时，是1.5~3.5s动作。D型的动作电流在额定电流的10~14倍时，是1~5s动作。

② 应用及作用不同。C型主要用于照明保护。D型主要用于电动机保护。

③ 脱口电流不同。C型空气开关的脱口电流一般是额定电流的5倍左右，适用于照

明，可保护线路，适用于感性负载和高感照明回路。
D型空气开关的脱口电流一般是额定电流的10倍左
右，适用于工业，电动机的启动电流很大，不至于在
启动时跳闸，适用于高感负载和较大冲击电流的配电
系统。

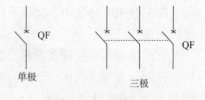

图3-13　断路器图形符号

3.4.2　交流接触器

3.4.2.1　分类

接触器可分为交流接触器（电压AC）和直流接触器（电压DC），它应用于电力、配电及用电场合。接触器广义上是指工业电中利用线圈流过电流产生磁场，使触头闭合，以控制负载的电器。直流接触器比较少用。

3.4.2.2　用途

在电工学上，因为可快速切断交流与直流主回路和可频繁地接通与关断大电流控制（达800A）电路的装置，所以经常应用于电动机作为控制对象，也可用作控制工厂设备、电热器、工作母机和各样电力机组等电力负载，接触器不仅能接通和切断电路，而且具有低电压释放保护作用。接触器控制容量大，适用于频繁操作和远距离控制，是自动控制系统中的重要元件之一。

3.4.2.3　实例

交流接触器如图3-14所示。

(a)　　　　　　　　　(b)　　　　　　　　　(c)

图3-14　交流接触器

3.4.2.4　工作原理

接触器的工作原理是当接触器线圈通电后，线圈电流会产生磁场，产生的磁场使静铁芯产生电磁吸力吸引动铁芯，并带动交流接触器点动作，常闭触点断开，常开触点闭合，两者是联动的。当线圈断电时，电磁吸力消失，衔铁在释放弹簧的作用下释放，使触点复原，常开触点断开，常闭触点闭合。

机械结构交流接触器利用主接点来控制电路，用辅助接点来导通控制回路。主接点一般是常开接点，而辅助接点常有两对常开接点和常闭接点，小型的接触器也经常作为中间

继电器配合主电路使用。交流接触器的接点，由银钨合金制成，具有良好的导电性和耐高温烧蚀性。

交流接触器动作的动力源于交流通过带铁芯线圈产生的磁场，电磁铁芯由两个山字形的幼硅钢片叠成，其中一个固定铁芯套有线圈，工作电压可多种选择。为了使磁力稳定，铁芯的吸合面加上短路环。交流接触器在失电后，依靠弹簧复位。

另一个是活动铁芯，构造和固定铁芯一样，用于带动主接点和辅助接点的闭合断开。20A以上的接触器加有灭弧罩，利用电路断开时产生的电磁力，快速拉断电弧，保护接点。接触器可高频率操作，作为电源开启与切断控制时，最高操作频率可达1200次/h。接触器的使用寿命很高，机械寿命通常为数百万次至一千万次，电寿命一般则为数十万次至数百万次。

交流接触器寿命和可靠性主要是由线圈和触头寿命决定的。传统交流接触器由于它工作时线圈和铁芯会发热，特别是电压、电流、磁隙增大时，容易导致发热而将线圈烧毁，而永磁交流接触器不存在烧毁线圈的可能。触头烧蚀主要是由分闸、合闸时产生的电弧造成的。与传统接触器相比，永磁交流接触器在合闸时，除同样有电磁力作用外，还具有永磁力的作用，因而合闸速度较传统交流接触器快很多，经检测永磁交流接触器合闸时间一般小于20ms，而传统接触器合闸速度一般在60ms左右。

3.4.2.5 符号和型号

（1）交流接触器文字符号KM，图形符号如图3-15所示。

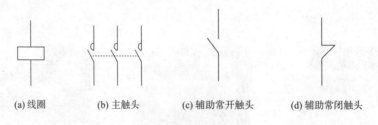

(a) 线圈   (b) 主触头   (c) 辅助常开触头   (d) 辅助常闭触头

图3-15　交流接触器图形符号

（2）主要型号。CJX20910CJ代表交流接触器。其中，X代表小型，2代表序列号，09表示额定电流为9A，10代表三常开主触头一常开辅助触头。

3.4.3　中间继电器

用于继电保护与自动控制系统中，以增加触点的数量及容量。它用于在控制电路中传递中间信号。中间继电器的结构和原理与交流接触器基本相同，与接触器的主要区别在于：接触器的主触头可以通过大电流，而中间继电器的触头只能通过小电流。所以，它只能用于控制电路中。它一般是没有主触点的，因为过载能力比较小。所以它用的全部都是辅助触头，数量比较多。新国标规定中间继电器的符号是K，老国标是KA。一般是直流电源供电，少数使用交流供电。

3.4.3.1 实例

中间继电器如图3-16所示。

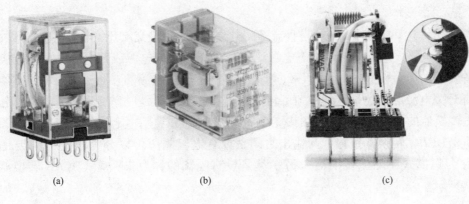

(a)　　　　　　　　　(b)　　　　　　　　　(c)

图3-16　中间继电器

3.4.3.2　工作原理

　　中间继电器的原理是将一个输入信号变成多个输出信号或将信号放大（即增大触头容量）的继电器。其实质是电压继电器，但它的触头数量较多（可达8对），触头容量较大（5~10A），动作灵敏。

3.4.3.3　符号

　　中间继电器的文字符号为KA，图形符号如图3-17所示。

(a) 吸引线圈　　　(b) 常开触头　　　(c) 常闭触头

3.4.4　直流开关电源

图3-17　中间继电器图形符号

3.4.4.1　功能

　　开关电源其功能是将一个位准的电压，通过不同形式的架构转换为用户端所需求的电压或电流。开关电源的输入多半是交流电源（例如市电）或是直流电源，而输出多半是需要直流电源的设备，例如个人计算机，而开关电源就进行两者之间电压及电流的转换。

3.4.4.2　实例

　　开关电源如图3-18所示。

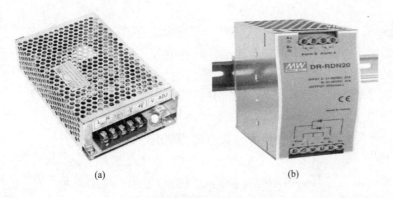

(a)　　　　　　　　　　　　(b)

图3-18　开关电源

3.4.4.3 分类及特点

现代开关电源有两种：一种是直流开关电源，另一种是交流开关电源。直流开关电源其功能是将电能质量较差的原生态电源（粗电），如市电电源或蓄电池电源，转换成满足设备要求的质量较高的直流电压（精电）。直流开关电源的核心是DC/DC转换器。因此直流开关电源的分类是依赖DC/DC转换器分类的。也就是说，直流开关电源的分类与DC/DC转换器的分类是基本相同的，DC/DC转换器的分类基本上就是直流开关电源的分类。直流DC/DC转换器按输入与输出之间是否有电气隔离可以分为两类：一类是有隔离的称为隔离式DC/DC转换器；另一类是没有隔离的称为非隔离式DC/DC转换器，如图3-19所示。

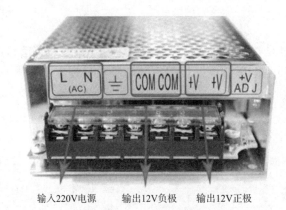

输入220V电源　　输出12V负极　　输出12V正极

图3-19　直流开关电源

开关电源不同于线性电源，开关电源利用的切换晶体管多半是在全开模式（饱和区）及全闭模式（截止区）之间切换，这两个模式都有低耗散的特点，切换之间的转换会有较高的耗散，但时间很短，因此比较节约能源，产生废热较少。

理想上，开关电源本身是不会消耗电能的。电压稳压是通过调整晶体管导通及断路的时间来达到。相反的，线性电源在产生输出电压的过程中，晶体管工作在放大区，本身也会消耗电能。

开关电源的高转换效率是其一大优点，而且因为开关电源工作频率高，可以使用小尺寸、轻重量的变压器，因此开关电源也会比线性电源的尺寸要小，重量也会比较轻。

若电源的高效率、体积及重量是考虑重点时，开关电源比线性电源要好。不过开关电源比较复杂，内部晶体管会频繁切换。

若对切换电流加以处理，可能会产生噪声及电磁干扰影响其他设备，而且若开关电源没有特别设计，其电源功率因数可能不高。

3.4.4.4 符号

开关电源的电气符号一般用整流器的电气符号表示，文字符号为UR，图形符号如图3-20所示。

图3-20　开关电源

3.4.5　按钮

按钮是一种常用的控制电器元件，常用来接通或断开控制电路，从而达到控制电动机或其他电气设备运行目的的一种开关。

3.4.5.1　实例

按钮如图3-21所示。

(a)　　　　　　(b)　　　　　　(c)　　　　　　(d)

图3-21　按钮

3.4.5.2　结构及工作原理

按钮由常闭触点、常开触点、触头、联动杆、弹簧组成，如图3-22所示。

当按下按钮6时，触头5下行，1、2常闭触点断开，常开触点3、4闭合，接通；当松开时，由于弹簧7的作用，触头5回到原来位置，1、2接通，3和4断开。

3.4.5.3　符号

按钮的文字符号为SB，其图形符号如图3-23所示。

(a) 常开按钮　　(b) 常闭按钮　　(c) 复合按钮

图3-23　按钮图形符号

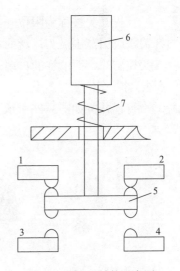

图3-22　按钮结构示意图

1，2—常闭触点　3，4—常开触点
5—触头　6—联动杆　7—弹簧

3.4.6　指示灯

家庭照明灯的一种按键开关上常有一个指示灯。这种指示灯的电阻极大，使电路中的电流极小，从而使在夜晚用电器的电压达不到额定电压而不能亮，一般情况下这种指示灯内有一个电容，因为一个小小的指示灯容不了220V的电压。

3.4.6.1　实例

指示灯实例如图3-24所示。

3.4.6.2　作用

红绿指示灯的作用有三个：一是指示电气设备的运行与停止状态；二是监视控制电路

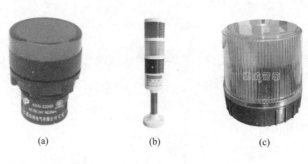

(a)   (b)   (c)

图3-24　指示灯

图3-25　指示灯图形符号

的电源是否正常；三是利用红灯监视跳闸回路是否正常，用绿灯监视合闸回路是否正常。

3.4.6.3　符号

指示灯文字符号为HL，其图形符号如图3-25所示。

3.4.7　行程开关

行程开关被称为限位开关，它的特点是通过其他物体的位移来控制电路的通断。行程开关是应用范围极为广泛的一种开关，例如在日常生活中，冰箱内的照明灯就是通过行程开关控制的，而电梯的自动开关门及开关门速度，也是由行程开关控制的。

3.4.7.1　实例

行程开关如图3-26所示。

图3-26　行程开关

3.4.7.2　工作原理

行程开关工作原理是利用生产机械运动部件的碰撞，使其触头动作，来实现接通或分段控制电路，达到一定的控制目的。通常，这类开关被用来限制机械运动的位置或行程，使运动机械按一定位置或行程自动停止、反向运动、变速运动或自动往返运动等。行程开关结构示意图如图3-27所示。

3.4.7.3　符号

行程开关文字符号为SQ，其图形符号如图3-28所示。

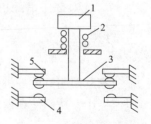

图3-27　行程开关结构
示意图

1—按钮帽　2—复位弹簧
3—动触头　4—常开静触头
5—常闭静触头

3.4.8 熔断器

熔断器就是人们生活中的保险丝。

3.4.8.1 实例

熔断器如图3-29所示。

(a) 常开触头　　　　(b) 常闭触头

图3-28　行程开关图形符号

(a) 通用保险丝　　　(b) 管状保险丝　　　(c) 可恢复保险

图3-29　熔断器

3.4.8.2 工作原理

熔断器是指当电流超过规定值时，以本身产生的热量使熔体熔断，断开电路的一种电器。熔断器广泛应用于高低压配电系统和控制系统以及用电设备中，作为短路和过电流的保护器，是应用最普遍的保护器件之一。

3.4.8.3 符号

熔断器的文字符号为FU，其图形符号如图3-30所示。

3.4.9 伺服驱动

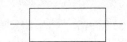

图3-30　熔断器图形符号

伺服驱动器（servo drives）又称为伺服控制器、伺服放大器，是用来控制伺服电动机的一种控制器，其作用类似于变频器作用于普通交流电动机，属于伺服系统的一部分，主要应用于高精度的定位系统。一般是通过位置、速度和力矩三种方式对伺服电动机进行控制，实现高精度的传动系统定位，目前是传动技术的高端产品。

伺服驱动器是现代运动控制的重要组成部分，被广泛应用于工业机器人及数控加工中心等自动化设备中。尤其是应用于控制交流永磁同步电动机的伺服驱动器已经成为国内外研究热点。当前交流伺服驱动器设计中普遍采用基于矢量控制的电流、速度、位置闭环控制算法。该算法中速度闭环设计合理与否，对于整个伺服控制系统，特别是速度控制性能的发挥起到关键作用。

在伺服驱动器速度闭环中，电动机转子实时速度测量精度对于改善速度环的转速控制动静态特性至关重要。为寻求测量精度与系统成本的平衡，一般采用增量式光电编码器作为测速传感器，与其对应的常用测速方法为M/T测速法。M/T测速法虽然具有一定的测量精度和较宽的测量范围，但这种方法有其固有的缺陷，主要包括：一是测速周期内必须检测到至少一个完整的码盘脉冲，限制了最低可测转速；二是用于测速的两个控制系统定时器开关，难以严格保持同步，在速度变化较大的测量场合中无法保证测速精度。因此应用该测速法的传统速度环设计方案难以提高伺服驱动器速度跟随与控制性能。

3.4.9.1 实例

伺服驱动实例如图3-31所示。

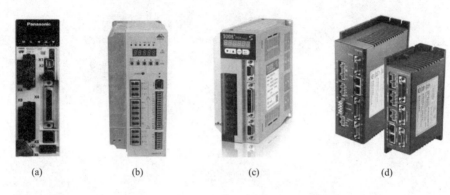

(a)　　　　　　(b)　　　　　　(c)　　　　　　(d)

图3-31　伺服驱动

3.4.9.2 工作原理

目前主流的伺服驱动器均采用数字信号处理器（DSP）作为控制核心，可以实现比较复杂的控制算法，实现数字化、网络化和智能化。功率器件普遍采用以智能功率模块（IPM）为核心设计的驱动电路，IPM内部集成了驱动电路，同时具有过电压、过电流、过热、欠压等故障检测保护电路，在主回路中还加入软启动电路，以减小启动过程对驱动器的冲击。功率驱动单元首先通过三相全桥整流电路，对输入的三相电或者市电进行整流，得到相应的直流电。经过整流好的三相电或市电，再通过三相正弦PWM电压型逆变器变频，来驱动三相永磁式同步交流伺服电动机。功率驱动单元的整个过程简单来说就是AC—DC—AC的过程。整流单元（AC—DC）主要的拓扑电路是三相全桥不控整流电路。

随着伺服系统的大规模应用，伺服驱动器使用、调试、维修都是伺服驱动器在当今比较重要的技术课题，越来越多工控技术服务商对伺服驱动器进行了技术深层次研究。

3.4.9.3 基本要求

（1）伺服进给系统的要求。

①调速范围宽。

②定位精度高。

③有足够的传动刚性和高的速度稳定性。

④快速响应，无超调。为了保证生产率和加工质量，除了要求有较高的定位精度外，还要求有良好的快速响应特性，即要求跟踪指令信号的响应要快，因为数控系统在启动、制动时，要求加、减加速度足够大，缩短进给系统的过渡过程时间，减小轮廓过渡误差。

⑤低速大转矩，过载能力强。一般来说，伺服驱动器具有数分钟甚至半小时内1.5倍以上的过载能力，在短时间内可以过载4~6倍而不损坏。

⑥ 可靠性高。要求数控机床的进给驱动系统可靠性高、工作稳定性好，具有较强的温度、湿度、振动等环境适应能力和很强的抗干扰能力。

（2）对电动机的要求。

① 从最低速到最高速电动机都能平稳运转，转矩波动要小，尤其在低速如0.1r/min或更低速时，仍有平稳的速度而无爬行现象。

② 电动机应具有大的较长时间的过载能力，以满足低速大转矩的要求。一般直流伺服电动机要求在数分钟内过载4~6倍而不损坏。

③ 为了满足快速响应的要求，电动机应有较小的转动惯量和大的堵转转矩，并具有尽可能小的时间常数和启动电压。

④ 电动机应能承受频繁启、制动和反转。

3.4.9.4　应用领域

伺服驱动器广泛应用于注塑机领域、纺织机械、缝制机械、包装机械、数控机床等领域。

3.4.10　运动控制器

运动控制（Motion Control）通常是指在复杂条件下，将预定的控制方案、规划指令转变成期望的机械运动，实现机械运动精确的位置控制、速度控制、加速度控制、转矩或力的控制。

按照使用动力源的不同，运动控制主要可分为以电动机作为动力源的电气运动控制、以气体和流体作为动力源的气液控制和以燃料（煤、油等）作为动力源的热机运动控制等。据资料统计，在所有动力源中，90%以上来自电动机。电动机在现代化生产和生活中起着十分重要的作用，所以在这几种运动控制中，电气运动控制应用最为广泛。

电气运动控制是由电动机拖动发展而来的，电力拖动或电气传动是以电动机为对象的控制系统的通称。运动控制系统多种多样，但从基本结构上看，一个典型的现代运动控制系统的硬件主要由上位机、运动控制器、功率驱动装置、电动机、执行机构和传感器反馈检测装置等部分组成。其中的运动控制器是指以中央逻辑控制单元为核心、以传感器为信号敏感元件、以电动机或动力装置和执行单元为控制对象的一种控制装置。

运动控制器就是控制电动机运行方式的专用控制器。比如电动机由行程开关控制交流接触器，而实现电动机拖动物体向上运行达到指定位置后又向下运行，或者用时间继电器控制电动机正反转或转一会儿停一会儿，再转一会儿再停一会儿。运动控制在机器人和数控机床的领域内的应用要比在专用机器中的应用更复杂，因为后者运动形式更简单，通常被称为通用运动控制（GMC）。运动控制器是决定自动控制系统性能的主要器件。对于三菱系列，运动CPU就是运动控制器。对于简单的运动控制系统，采用单片机设计的运动控制器即可满足要求，且性价比较高。

3.4.10.1　国内产品

目前国内运动控制器生产商提供的产品大致可以分为三类：

（1）以单片机或微机处理器作为核心。以单片机或微机处理器作为核心的运动控制器，这类运动控制器速度较慢，精度不高，成本相对较低。可应用于一些只需要低速点位运动控制和轨迹要求不高的轮廓运动控制的场合。

（2）以专用芯片作为核心处理器。以专用芯片作为核心处理器的运动控制器，这类运动控制器结构比较简单，但这类运动控制器只能输出脉冲信号，工作于开环控制方式。这类控制器对单轴的点位控制场合是基本满足要求的，但对于要求多轴协调运动和高速轨迹插补控制的设备，这类运动控制器则不能满足要求。由于这类控制器不能提供连续插补功能，也没有前瞻功能，特别是对于大量的小线段连续运动的场合，不能使用这类控制器。另外，由于硬件资源的限制，这类控制器的圆弧插补算法通常都采用逐点比较法，这样一来圆弧插补的精度不高。

（3）基于PC总线的以数字信号处理技术（digital signal processing，DSP）和现场可编程门阵列（field programmable gate array，FPGA）作为核心处理器。基于PC总线的以DSP和FPGA作为核心处理器的开放式运动控制器，这类运动控制器以DSP芯片作为运动控制器的核心处理器，以PC机作为信息处理平台，运动控制器以插卡形式嵌入PC机，即"PC+运动控制器"的模式。这样将PC机的信息处理能力和开放式的特点与运动控制器的运动轨迹控制能力有机结合在一起，具有信息处理能力强、开放程度高、运动轨迹控制准确、通用性好的特点。这类控制器充分利用了DSP的高速数据处理能力和FPGA的超强逻辑处理能力，便于设计出功能完善、性能优越的运动控制器。这类运动控制器通常都能提供板上的多轴协调运动控制和复杂的运动轨迹规划、实时地插补运算、误差补偿、伺服滤波算法，能够实现闭环控制。由于采用FPGA技术来进行硬件设计，方便运动控制器供应商根据客户的特殊工艺要求和技术要求进行个性化的定制，形成独特的产品。

3.4.10.2 实例

运动控制器如图3-32所示。

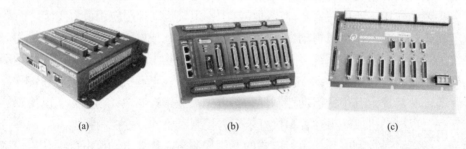

(a)　　　　　　　　　(b)　　　　　　　　　(c)

图3-32　运动控制器

3.4.10.3 主要功能

（1）运动规划功能。实际上是形成运动的速度和位置的基准量。合适的基准量不但可以改善轨迹的精度，而且还可以降低对转动系统以及机械传递元件的要求。通用运动控制器通常都提供基于对冲击、加速度和速度等这些可影响动态轨迹精度的量值加以限制的运动规划方法，用户可以直接调用相应的函数。

对于加速度进行限制的运动规划可产生梯形速度曲线；对于冲击进行限制的运动规划产生S形速度曲线。一般来说，对于数控机床而言，采用加速度和速度基准量限制的运动规划方法，就已获得一种优良的动态特性。对于高加速度、小行程运动的快速定位系统，其定位时间和超调量都有严格的要求，往往需要高阶导数连续的运动规划方法。

（2）多轴插补，连续插补功能。通用运动控制器提供的多轴插补功能在数控机械行业获得广泛的应用。近年来，由于雕刻市场，特别是模具雕刻机市场的快速发展，推动了运动控制器的连续插补功能的发展。在模具雕刻中存在大量的短小线段加工，要求段间加工速度波动尽可能小，速度变化的拐点要平滑过渡，这样要求运动控制器有速度前瞻和连续插补的功能。固高科技公司推出的专门用于小线段加工工艺的连续插补型运动控制器，该控制器在模具雕刻、激光雕刻、平面切割等领域获得了良好的应用。

（3）电子齿轮与电子凸轮功能。电子齿轮和电子凸轮可以大幅地简化机械设计，而且可以实现许多机械齿轮与凸轮难以实现的功能。电子齿轮可以实现多个运动轴按设定的齿轮比同步运动，这使运动控制器在定长剪切和无轴转动的套色印刷方面有很好的应用。

另外，电子齿轮功能还可以实现一个运动轴以设定的齿轮比跟随一个函数，而这个函数由其他的几个运动轴的运动决定；一个轴也可以以设定的比例跟随其他两个轴的合成速度。电子凸轮功能可以通过编程改变凸轮形状，无须修磨机械凸轮，极大地简化了加工工艺。这个功能使运动控制器在机械凸轮的淬火加工、异型玻璃切割和全电动机驱动弹簧等领域有良好的应用。

（4）比较输出功能。该功能是指在运动过程中，位置到达设定的坐标点时，运动控制器输出一个或多个开关量，而运动过程不受影响。如在AOI的飞行检测中，运动控制器的比较输出功能使系统运行到设定的位置即启动CCD快速摄像，而运动并不受影响，这极大地提高了效率，改善了图像质量。另外，在激光雕刻应用中，固高科技的通用运动控制器的这项功能也获得了很好的应用。

（5）探针信号锁存功能。该功能可以锁存探针信号产生的时刻，各运动轴的位置，其精度只与硬件电路相关，不受软件和系统运行惯性的影响，在立方厘米（CCM）测量行业有良好的应用。另外，越来越多的原始设备制造商（OEM）希望他们自己丰富的行业应用经验可以集成到运动控制系统中，针对不同应用场合和控制对象，形成个性化设计运动控制器的功能。固高科技公司已经开发可通用运动控制器应用开发平台，使通用运动控制器具有真正面向对象的开放式控制结构和系统重构能力，用户可以将自己设计的控制算法加载到运动控制器的内存中，而无须改变控制系统的结构设计就可以重新构造出一个特殊用途的专用运动控制器。

3.4.10.4　架构组成

一个运动控制器用以生成轨迹点（期望输出）和闭合位置的反馈环。许多控制器也可以在内部闭合一个速度环。一个驱动器或放大器用来将运动控制器的控制信号（通常是速度或扭矩信号）转换为更高功率的电流或电压信号。更为先进的智能化驱动可以自身闭合位置环和速度环，以获得更精确的控制。一个执行器如液压泵、汽缸、线性执行机构或电动机用于输出运动。一个反馈传感器如光电编码器、旋转变压器或霍尔效应设备等用于反馈执行器的位置到位置控制器，以实现和位置控制环的闭合。

众多机械部件用于将执行器的运动形式转换为期望的运动形式，它包括齿轮箱、轴、滚珠丝杠、齿形带、联轴器以及线性和旋转轴承。通常一个运动控制系统的功能包括速度控制和点位控制（点到点）。有很多方法可以计算出一个运动轨迹，它们通常基于一个运动的速度曲线，如三角速度曲线、梯形速度曲线或S形速度曲线。如电子齿轮（或电子凸轮）。也就是从动轴的位置在机械上跟随一个主动轴的位置变化。一个简单的例子是，一个系统包含两个转盘，它们按照一个给定的相对角度关系转动。电子凸轮较之电子齿轮更复杂一些，它使得主动轴和从动轴之间的随动关系曲线是一个函数。这个曲线可以是非线性的，但必须是一个函数关系。

3.4.10.5 发展趋势

由于下游机械设备厂商对运动控制器的强劲需求，中国通用运动控制器（GMC）市场容量在2014年达到10.65亿美元，而计算机数控（computerized numerical control，CNC）运动控制器市场规模将会达到12.39亿美元。

专家认为，机床、纺织机械、橡塑机械、印刷机械和包装机械行业约占中国运动控制市场销售额的80%以上，现在和将来都会是运动控制器的主要市场。由于和人民生活紧密相关，食品、饮料机械，烟草机械，医疗设备和科研设备行业对运动控制器的需求一直处于稳定增长中。

虽然电子和半导体机械设备行业在2008年底受到了一些冲击，但运动控制器在电子和半导体机械中的应用一直在增长，2009年和2010年由于对电子制造业的庞大资金投入和终端消费的拉动，运动控制器在电子和半导体机械设备中的销售强劲反弹。中国作为全世界最重要的电子制造业基地之一，电子制造、电子组装和半导体设备的需求和产量都在稳定增长，这些产业在相当长的时间内都不会大规模转移到其他成本更低的国家，所以今后几年运动控制器在电子和半导体机械设备行业的销售还会保持较快的增长。

随着机械制造OEM厂商对运动控制器产品越来越熟悉，运动控制器一直在拓展其应用领域和范围，在一些非传统的细分行业也取得了突破。虽然这些行业只占了运动控制器市场很小的份额，但这些领域将成为未来的营利增长点，也为很多中小型的公司提供了市场机遇。例如，风力变桨距控制系统、油田抽油机、火焰切割机、硅片切割机、弹簧机、植毛机等。

3.4.11 接近开关

接近开关是一种无须与运动部件进行机械直接接触而可以操作的位置开关，当物体接近开关的感应面到动作距离时，无须机械接触及施加任何压力即可使开关动作，从而驱动直流电器或给计算机（PLC）装置提供控制指令。接近开关是种开关型传感器（即无触点开关），它既具有行程开关、微动开关的特性，同时具有传感性能，且动作可靠，性能稳定，频率响应快，应用寿命长，抗干扰能力强等，并具有防水、防振、耐腐蚀等特点。产品有电感式、电容式、霍尔式、交直流型。

接近开关又称无触点接近开关，是理想的电子开关量传感器。当金属检测体接近开关的感应区域，开关就能无接触、无压力、无火花、迅速发出电气指令，准确反映出运动机构的位置和行程，即使用于一般的行程控制，其定位精度、操作频率、使用寿命、安装调整的方便性和对恶劣环境的适用能力，是一般机械式行程开关所不能相比的。它广泛地应用于机床、冶金、化工、轻工、纺织和印刷等行业。在自动控制系统中可作为限位、计数、定位控制和自动保护环节等。

3.4.11.1　实例

接近开关如图3-33所示。

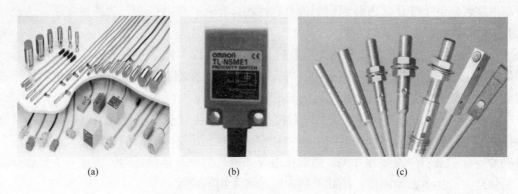

(a)　　　　　　　　　　(b)　　　　　　　　　　(c)

图3-33　接近开关

3.4.11.2　性能

在各类开关中，有一种对接近它的物件有感知能力的元件——位移传感器。利用位移传感器对接近物体的敏感特性达到控制开关通或断的目的，这就是接近开关。

当有物体移向接近开关，并接近到一定距离时，位移传感器才会有感知，开关才会动作。通常把这个距离称为检出距离。但不同的接近开关检出距离也不同。

有时被检测验物体是按一定的时间间隔，一个接一个地移向接近开关，又一个接一个地离开，这样不断地重复。不同的接近开关，对检测对象的响应能力是不同的，这种响应特性被称为响应频率。

3.4.11.3　种类

因为位移传感器可以根据不同的原理和方法做成，而不同的位移传感器对物体的感知方法也不同，所以常见的接近开关有以下几种：

（1）无源接近开关。这种开关无须电源，通过磁力感应控制开关的闭合状态。当磁或者铁质触发器靠近开关磁场时，由开关内部磁力作用控制闭合。具有无须电源、非接触式、免维护、环保的特点。

（2）涡流式接近开关。这种开关又称电感式接近开关。这种接近开关所能检测的物体必须是导电体。

① 原理：由电感线圈和电容及晶体管组成振荡器，并产生一个交变磁场，当有金属物体接近这一磁场时就会在金属物体内产生涡流，从而导致振荡停止，这种变化被后极放大处理后转换成晶体管开关信号输出。

② 主要特点。一是抗干扰性能好，开关频率高，大于200Hz；二是只能感应金属。

③ 应用。可在各种机械设备上做位置检测、计数信号拾取等。

（3）电容式接近开关。这种开关的测量通常是构成电容器的一个极板，而另一个极板是开关的外壳。这个外壳在测量过程中通常是接地或与设备的机壳相连接。当有物体移向接近开关时，无论它是否为导体，由于它的接近，总要使电容的介电常数发生变化，从而使电容量发生变化，使得和测量头相连的电路状态也随之发生变化，由此便可控制开关的接通或断开。这种接近开关检测的对象不限于导体，可以是绝缘的液体或粉状物等。

（4）霍尔接近开关。霍尔元件是一种磁敏元件。利用霍尔元件做成的开关，叫作霍尔开关。当磁性物件移近霍尔开关时，开关检测面上的霍尔元件因产生霍尔效应而使开关内部电路状态发生变化，由此识别附近有磁性物体存在，进而控制开关的通或断。这种接近开关的检测对象必须是磁性物体。

（5）光电式接近开关。利用光电效应做成的开关称为光电开关。将发光器件与光电器件按一定方向装在同一个检测头内。当有反光面（被检测物体）接近时，光电器件接收到反射光后便有信号输出，由此便可感知有物体接近。

（6）其他形式。当观察者或系统对波源的距离发生改变时，接近到的波的频率会发生偏移，这种现象称为多普勒效应。声呐和雷达就是利用这个效应的原理制成的。利用多普勒效应可制成超声波接近开关、微波接近开关等。当有物体移近时，接近开关接收到的反射信号会产生多普勒频移，由此可以识别出有无物体接近。

3.4.11.4　主要功能

（1）距离检验。检测电梯、升降设备的停止、启动、通过位置；检测车辆的位置，防止两物体相撞检测；检测工作机械的设定位置，移动机器或部件的极限位置；检测回转体的停止位置；阀门的开或关位置。

（2）尺寸控制。金属板冲剪的尺寸控制装置；自动选择、鉴别金属件长度；检测自动装卸时堆物高度；检测物品的长、宽、高和体积。

（3）检测物体存在与否。检测生产包装线上有无产品包装箱；检测有无产品零件。

（4）转速与速度控制。控制传送带的速度；控制旋转机械的转速；与各种脉冲发生器一起控制转速和转数。

（5）计数及控制。检测生产线上流过的产品数；高速旋转轴或盘的转数计量；零部件计数。

（6）检测异常。检测有无瓶盖；产品合格与否的判断；检测包装盒内的金属制品缺乏与否；区分金属与非金属零件；检测产品有无标牌；起重机危险区报警；安全扶梯自动启停。

（7）计量控制。产品或零件的自动计量；检测计量器、仪表的指针范围而控制数量或流量；检测浮标控制测面高度、流量；检测不锈钢桶中的铁浮标；仪表量程上限或下限的控制；流量控制；水平面控制。

（8）识别对象。根据载体上的码识别是与非。

（9）信息传送。总线（ASI）连接设备上各个位置上的传感器在生产线（50~100m）中的数据往返传送等。

3.4.11.5　结构形式及接线要求

接近开关按其外形不同可分为圆柱型、方型、沟型、穿孔（贯通）型和分离型。圆柱型比方型安装方便，其检测特性相同；沟型的检测部位是在槽内侧，用于检测通过槽内的物体；贯通型在我国很少生产，而日本则应用较为普遍，可用于小螺钉或滚珠之类的小零件和浮标组装成水位检测装置等。

接近开关接线要求如下：

（1）接近开关有两线制和三线制的区别，三线制接近开关又可分为NPN型和PNP

型，它们的接线是不同的。

（2）两线制接近开关的接线比较简单，接近开关与负载串联后接到电源即可。

（3）三线制接近开关的接线：红（棕）线接电源正端；蓝线接电源零伏端；黄（黑）线为信号，应接负载。负载的另一端的接法为：对于NPN型接近开关，应接到电源正端；对于PNP型接近开关，则应接到电源零伏端。

（4）接近开关的负载可以是信号灯、继电器线圈或可编程控制器PLC的数字量输入模块。

（5）需要特别注意接到PLC数字输入模块的三线制接近开关的型式选择。PLC数字量输入模块一般可分为两类：一类的公共输入端为电源负极，电流从输入模块流出，此时，一定要选用PNP型接近开关；另一类的公共输入端为电源正极，电流流入输入模块，此时，一定要选用NPN型接近开关。切忌选错！

（6）两线制接近开关受工作条件的限制，导通时开关本身会产生一定压降，截止时又有一定的剩余电流流过，选用时应予以考虑。三线制接近开关虽多了一根线，但不受剩余电流之类不利因素的困扰，工作更为可靠。

（7）有的厂商将接近开关的常开和常闭信号同时引出，或增加其他功能，此种情况，具体请按产品说明书要求接线。

3.4.11.6　槽型光电开关接线

光电开关的二极管是发光二极管，输出则是光敏三极管，C就是集电极，E则是发射极。

一般三极管作开关使用时，通常都用集电极作输出端。

一般接法：二极管为输入端，E接地，C接负载，负载的另一端需要接正电源。这种接法适用范围比较广。

特殊接法：二极管为输入端，C接电源正，E接负载，负载的另一端需要接地。这种接法只适用于负载等效电阻很小时（几十欧姆以内），如果负载等效电阻比较大，可能会引起开关三极管工作点不正常，导致开关工作不可靠。

3.4.11.7　注意事项

（1）一般工业生产场所，通常都选用涡流式接近开关和电容式接近开关。因为这两种接近开关对环境的要求条件较低。

（2）当被测对象是导电物体或可以固定在一块金属物上的物体时，一般都选用涡流式接近开关，因为它的响应频率高、抗环境干扰性能好、应用范围广、价格较低。

（3）若被测对象是非金属（或金属）、液位高度、粉状物高度、塑料、烟草等。则应选用电容式接近开关。这种开关的响应频率低，但稳定性好。安装时应考虑环境因素的影响。

（4）若被测物为导磁材料或者为了区别和它在一同运动的物体而把磁钢埋在被测物体内时，应选用霍尔接近开关，它的价格最低。

（5）在环境条件比较好、无粉尘污染的场合，可采用光电接近开关。光电接近开关工作时对被测对象几乎无任何影响。因此，在要求较高的传真机、烟草机械上都被广泛使用。

（6）在防盗系统中，自动门通常使用热释电接近开关、超声波接近开关、微波接近开关。有时为了提高识别的可靠性，上述几种接近开关往往被复合使用。

（7）无论选用哪种接近开关，都应注意对工作电压、负载电流、响应频率、检测距离等各项指标的要求。

3.4.12 伺服电动机

伺服电动机（servo motor）是指在伺服系统中控制机械构件运转的发动机，是一种补助电动机间接变速装置。

伺服电动机可使控制速度、位置精度非常准确，可以将电压信号转化为转矩和转速，以驱动控制对象。伺服电动机转子转速受输入信号控制，并能快速反应，在自动控制系统中，用作执行元件，且具有机电时间常数小、线性度高、始电压等特性，可把所收到的电信号转换成电动机轴上的角位移或角速度输出。伺服电动机可分为直流和交流两大类，其主要特点是，当信号电压为零时无自转现象，转速随着转矩的增加而匀速下降。

3.4.12.1 实例

伺服电动机如图3-34所示。

(a)　　　　　　　　(b)　　　　　　　　(c)

图3-34　伺服电动机

3.4.12.2 工作原理

伺服系统（servo mechanism）是使物体的位置、方位状态等输出被控量能够跟随输入目标（或给定值）任意变化的自动控制系统。伺服主要靠脉冲来定位，因为伺服电动机本身具备发出脉冲的功能，所以伺服电动机每旋转一个角度，都会发出对应数量的脉冲，这样和伺服电动机接受的脉冲形成了呼应，或者叫闭环，如此一来，系统就会知道发出多少脉冲给伺服电动机，同时又收到多少脉冲，这样，就能够很精确地控制电动机的转动，从而实现精确的定位，可以达到0.001mm。

直流伺服电动机可分为有刷和无刷两种。有刷电动机成本低，结构简单，启动转矩大，调速范围宽，控制容易，需要维护，但维护不方便（换碳刷），产生电磁干扰，对环境有要求。因此它可以用于对成本敏感的普通工业和民用场合。无刷电动机体积小、重量轻、出力大、响应快、速度高、惯量小、转动平滑、力矩稳定。控制复杂，容易实现智能化，其电子换相方式灵活，可以方波换相或正弦波换相。电动机免维护，效率很高，运行温度低，电磁辐射很小，寿命长，可用于各种环境。

交流伺服电动机也是无刷电动机，分为同步电动机和异步电动机，运动控制中一般都用同步电动机，它的功率范围大，可以达到很大的功率。惯量大，最高转动速度低，且随着功率增大而快速降低，因而适用于低速平稳运行。

伺服电动机内部的转子是永磁铁，驱动器控制的U/V/W三相电形成电磁场，转子在此磁场的作用下转动，同时电动机自带的编码器反馈信号给驱动器，驱动器根据反馈值与目标值进行比较，调整转子转动的角度。伺服电动机的精度取决于编码器的精度（线数）。

交流伺服电动机和无刷直流伺服电动机在功能上的区别为：交流伺服要好一些，因为是由正弦波控制，转矩脉动小，直流伺服是梯形波，但直流伺服比较简单、便宜。

3.4.12.3 主要结构

伺服系统主要由三部分组成：控制器、功率驱动装置、反馈装置和电动机。控制器按照数控系统的给定值和通过反馈装置检测的实际运行值的差，调节控制量；功率驱动装置作为系统的主回路，一方面按控制量的大小将电网中的电能作用到电动机之上，调节电动机转矩的大小；另一方面按电动机的要求把恒压恒频的电网供电转换为电动机所需的交流电或直流电；电动机则按供电大小拖动机械运转，如图3-35所示。

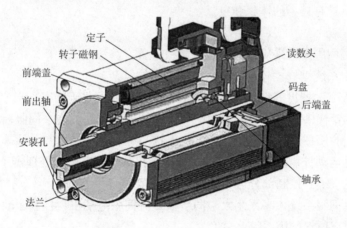

图3-35 主要结构

3.4.12.4 主要特点

（1）检测装置精确。以组成速度和位置闭环控制。

（2）有多种反馈比较原理与方法。根据检测装置实现信息反馈的原理不同，伺服系统反馈比较的方法也不相同。常用的有脉冲比较、相位比较和幅值比较三种。

（3）性能强大。伺服电动机多用于高效和复杂型面加工的数控机床。因伺服系统经常处于频繁的启动和制动过程中，要求电动机的输出力矩与转动惯量的比值大，以产生足够大的加速或制动力矩。要求伺服电动机在低速时有足够大的输出力矩且运转平稳，以便在与机械运动部分连接中尽量减少中间环节。

（4）速度调节系统调速范围宽。从系统的控制结构来看，数控机床的位置闭环系统可看作是位置调节为外环、速度调节为内环的双闭环自动控制系统，其内部的实际工作过程是把位置控制输入转换成相应的速度给定信号后，再通过调速系统驱动伺服电动机，实现实际位移。数控机床的主运动要求调速性能也比较高，因此要求伺服系统为高性能的宽调速系统。

3.4.12.5　典型机型

20世纪80年代以来，随着集成电路、电力电子技术和交流可变速驱动技术的发展，永磁交流伺服驱动技术的发展突飞猛进，各国著名电气厂商相继推出各自的交流伺服电动机和伺服驱动器系列产品，并不断完善和更新。交流伺服系统已成为当代高性能伺服系统的主要发展方向，使原来的直流伺服面临被淘汰的危机。90年代以后，世界各国已经商品化了的交流伺服系统是采用全数字控制的正弦波电动机伺服驱动。交流伺服驱动装置在传动领域的发展日新月异。

永磁交流伺服电动机与直流伺服电动机相比有如下特点：

（1）主要优势：

①无电刷和换向器，因此工作可靠，对维护和保养要求低。

②定子绕组散热比较方便。

③惯量小，易于提高系统的快速性。

④适应于高速大力矩工作状态。

⑤同功率下具有较小的体积和重量。

（2）主要劣势：

①永磁交流伺服系统采用编码器检测磁极位置，算法复杂。

②交流伺服系统维修比较麻烦，因为电路结构复杂。

③交流伺服驱动器可靠性不如直流伺服，因为板件太过于精密。

到20世纪80年代中后期，各公司都已有完整的系列产品。整个伺服装置市场都转向了交流系统。早期的模拟系统在诸如零漂、抗干扰、可靠性、精度和柔性等方面存在不足，尚不能完全满足运动控制的要求，随着微处理器、新型数字信号处理器（DSP）的应用，出现了数字控制系统，控制部分可完全由软件进行。

高性能的电伺服系统大多采用永磁同步型交流伺服电动机，控制驱动器多采用快速、准确定位的全数字位置伺服系统。

3.4.12.6　主要应用

数控机床的伺服系统是指以机床移动部件的位置和速度作为控制量的自动控制系统，又称为随动系统。

伺服系统由伺服驱动装置和驱动元件（或称执行元件伺服电动机）组成，高性能的伺服系统还有检测装置，反馈实际的输出状态。

数控机床伺服系统的作用在于接受来自数控装置的指令信号，驱动机床移动部件跟随指令脉冲运动，并保证动作的快速和准确，这就要求高质量的速度和位置伺服。以上指的主要是进给伺服控制，另外还有对主运动的伺服控制，不过控制要求不如前者高。数控机床的精度和速度等技术指标往往主要取决于伺服系统。

自动控制系统不仅在理论上飞速发展，在其应用器件上也日新月异。模块化、数字化、高精度、长寿命的器件每隔3~5年就有更新换代的产品面市。传统的交流伺服电动机机械特性软，并且其输出特性不是单值的；步进电动机一般为开环控制而无法准确定位，电动机本身还有速度谐振区，微机控制脉宽调制（PWM）调速系统对位置跟踪性能较差，变频调速较简单但精度有时不够，直流电动机伺服系统以其优良的性能被广泛应用于位置随动系统中，但其也有缺点，例如结构复杂，在超低速时死区矛盾突出，并且换向刷会带来噪声和维护保养问题。新型的永磁交流伺服电动机发展迅速，尤其是从方波控制发展到正弦波控制后，系统性能更好，它调速范围宽，尤其是低速性能优越。

3.4.13 滤波器

滤波器是一种选频装置，可以使信号中特定的频率成分通过，而极大地衰减其他频率成分。利用滤波器的这种选频作用，可以滤除干扰噪声或进行频谱分析。换而言之，凡是可以使信号中特定的频率成分通过，而极大地衰减或抑制其他频率成分的装置或系统都称为滤波器。滤波器实际上是对波进行过滤的器件。"波"是一个非常广泛的物理概念，在电子技术领域，"波"被狭义地局限于特指描述各种物理量的取值随时间起伏变化的过程。该过程通过各类传感器的作用，被转换为电压或电流的时间函数，称为各种物理量的时间波形，或者称为信号。因为自变量时间是连续取值的，所以称为连续时间信号，又习惯地称为模拟信号（analog signal）。

滤波是信号处理中的一个重要概念，在直流稳压电源中，滤波电路的作用是尽可能减小脉动的直流电压中的交流成分，保留其直流成分，使输出电压纹波系数降低，波形变得比较平滑。

3.4.13.1 实例

滤波器如图3-36所示。

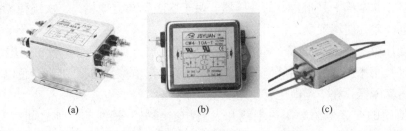

（a） （b） （c）

图3-36 滤波器

3.4.13.2 主要分类

（1）按所处理的信号不同可分为模拟滤波器和数字滤波器两种。

（2）按所通过信号的频段不同可分为低通、高通、带通、带阻和全通滤波器五种。

① 低通滤波器。它允许信号中的低频或直流分量通过，抑制高频分量或干扰和噪声。

② 高通滤波器。它允许信号中的高频分量通过，抑制低频或直流分量。

③ 带通滤波器。它允许一定频段的信号通过，抑制低于或高于该频段的信号、干扰和噪声。

④ 带阻滤波器。它抑制一定频段内的信号，允许该频段以外的信号通过，又称为陷波滤波器。

⑤ 全通滤波器。全通滤波器是指在全频带范围内，信号的幅值不会改变，也就是全

频带内幅值增益恒等于1。一般全通滤波器用于移相，即对输入信号的相位进行改变，理想情况是相移与频率成正比，相当于一个时间延时系统。

（3）按所采用的元器件不同可分为无源和有源滤波器两种。

（4）根据滤波器的安放位置不同，一般分为板上滤波器和面板滤波器。

① 板上滤波器安装在线路板上，如PLB、JLB系列滤波器。这种滤波器的优点是经济，缺点是高频滤波效果欠佳。其主要原因有如下几点：

a.滤波器的输入与输出之间没有隔离，容易发生耦合。

b.滤波器的接地阻抗不是很低，削弱了高频旁路效果。

c.滤波器与机箱之间的一段连线会产生两种不良作用：一个是机箱内部空间的电磁干扰会直接感应到这段线上，沿着电缆传出机箱，借助电缆辐射，使滤波器失效；另一个是外界干扰在被板上滤波器滤波之前，借助这段线产生辐射，或直接与线路板上的电路发生耦合，造成敏感度问题。

② 滤波阵列板、滤波连接器等面板滤波器一般都直接安装在屏蔽机箱的金属面板上。由于直接安装在金属面板上，滤波器的输入与输出之间完全隔离，接地良好，电缆上的干扰在机箱端口上被滤除，因此滤波效果相当理想。

3.4.14 隔离变压器

隔离变压器属于安全电源，一般用于机器维修、保养，起保护、防雷、滤波的作用。

隔离变压器的原理和普通变压器的原理是一样的，都是利用电磁感应原理。隔离变压器一般（但并非全部）是指1∶1的变压器。由于次级不与大地相连，次级任一根线与大地之间没有电位差，使用安全，常用作维修电源。

控制变压器和电子管设备的电源也是隔离变压器。如电子管扩音机、电子管收音机与示波器以及车床控制变压器等电源都是隔离变压器。如为了安全维修彩色电视机，常用1∶1的隔离变压器，在空调中也有使用。

通常使用的交流电源电压一根线和大地相连，另一根线与大地之间有220V的电位差。人接触会产生触电。而隔离变压器的次级不与大地相连，它的任意两线与大地之间没有电位差。人接触任意一条线都不会发生触电，这样比较安全。

隔离变压器的输出端跟输入端是完全"断路"隔离的，即可有效地对变压器的输入端（电网供给的电源电压）起到一个良好的过滤作用，从而给用电设备提供了纯净的电源电压。另一用途是防干扰，可广泛用于地铁、高层建筑、机场、车站、码头、工矿企业及隧道的输配电等场所。

隔离变压器是指输入绕组与输出绕组在电气上彼此隔离的变压器，用以避免偶然同时触及带电体（或因绝缘损坏而可能带电的金属部件）和大地所带来的危险，它的原理与普通干式变压器相同，也是利用电磁感应原理，主要隔离一次电源回路，二次回路对地浮空，以保证用电安全。

3.4.14.1 实例

隔离变压器如图3-37所示。

(a)　　　　　　　　　(b)　　　　　　　　　(c)

图3-37　隔离变压器

3.4.14.2　作用

隔离变压器的主要作用是，使一次侧与二次侧的电气完全绝缘，也使该回路隔离。另外，利用其铁芯的高频损耗大的特点，从而抑制高频杂波传入控制回路。用隔离变压器使二次对地悬浮，只能用在供电范围较小、线路较短的场合。此时，系统的对地电容电流小到不足以对人身造成伤害。另外还有一个很重要的作用就是保护人身安全，隔离危险电压。

随着电力系统的不断发展，变压器作为电力系统中的关键设备起着重要的作用，它的安全运行直接关系到整个电力系统运行的可靠性。变压器线圈变形是指线圈在受力后，发生的轴向、幅向尺寸变化、器身位移、线圈扭曲等情况。造成变压器线圈变形的主要原因有两个：一是变压器运行中难以避免地要受到外部短路故障冲击；二是变压器在运输吊装过程中发生意外碰撞。

3.4.14.3　功率

变压器铁芯磁通和施加的电压有关。在电流中励磁电流不会随着负载的增加而增加。虽然负载增加铁芯不会饱和，将使线圈的电阻损耗增加，超过额定容量时，由于线圈产生的热量不能及时散出，会损坏线圈；如果线圈是由超导材料组成，电流增大不会引起发热，但变压器内部还有漏磁引起的阻抗，电流增大，输出电压会下降，电流越大，输出电压越低，所以变压器输出功率不可能是无限的。如果变压器没有阻抗，那么当变压器流过电流时，会产生特别大电动力，很容易使变压器线圈损坏，虽然功率无限但不能用。随着超导材料和铁芯材料的发展，相同体积或重量的变压器输出功率会增大，但不是无限大。

3.4.14.4　性质

隔离变压器属于安全电源，一般用于机器维修保养，起保护、防雷、滤波作用。隔离变压器原边和副边电压可根据要求定制。隔离变压器的输出端跟输入端是完全"断路"隔离的。

3.4.14.5　工作原理

隔离变压器的原理和普通变压器的原理是一样的，均是利用电磁感应原理。隔离变压器一般是指1∶1的变压器。由于次级不和地相连，次级任一根线与地之间没有电位差。使用安全，常用作维修电源。

　　隔离变压器不全是1∶1变压器。控制变压器和电子管设备的电源也是隔离变压器。如电子管扩音机、电子管收音机、示波器和车床控制变压器等电源都是隔离变压器。隔离变压器是使用比较多的，在空调中也有应用。

　　一般变压器原、副绕组之间虽也有隔离电路的作用，但在频率较高的情况下，两绕组之间的电容仍会使两侧电路之间出现静电干扰。为避免这种干扰，隔离变压器的原、副绕组一般分置于不同的心柱上，以减小两者之间的电容；也有采用原、副绕组同心放置的，但在绕组之间加置静电屏蔽，以获得高的抗干扰性，如图3-38所示。

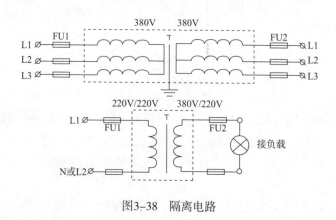

图3-38　隔离电路

　　静电屏蔽就是在原、副绕组之间设置一片不闭合的铜片或非磁性导电纸，称为屏蔽层。铜片或非磁性导电纸用导线连接于外壳。有时为了获得更好的屏蔽效果，在整个变压器上，还罩一个屏蔽外壳。对绕组的引出线端子也加屏蔽，以防止其他外来的电磁干扰。这样可使原、副绕组之间主要只有剩磁的耦合，而其间的等值分布电容可小于0.01pF，从而大幅减小原、副绕组间的电容电流，有效地抑制来自电源以及其他电路的各种干扰。

3.4.15　变频器

　　变频器（variable-frequency drive，VFD）是应用变频技术与微电子技术，通过改变电动机工作电源频率方式来控制交流电动机的电力控制设备。

3.4.15.1　实例

　　变频器如图3-39所示。

　　变频器主要由整流（交流变直流）、滤波、逆变（直流变交流）、制动单元、驱动单元、检测单元、微处理单元等组成。变频器靠内部IGBT的开断来调整输出电源的电压和频率，根据电动机的实际需要来提供其所需要的电源电压，进而达到节能、调速的目的。另外，变频器还有很多保护功能，如过流、过压、过载保护等。随着工业自动化程度的不断提高，变频器也得到了非常广泛的

图3-39　变频器

应用。

3.4.15.2 分类

（1）按输入电压等级分类。变频器按输入电压等级可分为低压变频器和高压变频器，低压变频器国内常见的有单相220V变频器、三相220V变频器、i相380V变频器。高压变频器常见的有6kV、10kV变频器，控制方式一般是按高低变频器或高高变频器方式进行变换的。

（2）按变换频率的方法分类。变频器按频率变换的方法可分为交—交型变频器和交—直—交型变频器。交—交型变频器可将工频交流电直接转换成频率、电压均可以控制的交流，故称直接式变频器。交—直—交型变频器则是先把工频交流电通过整流装置转变成直流电，然后再把直流电变换成频率、电压均可以调节的交流电，故又称为间接型变频器。

（3）按直流电源的性质分类。在交—直—交型变频器中，按主电路电源变换成直流电源的过程中直流电源的性质可分为电压型变频器和电流型变频器。

3.4.15.3 组成

（1）主电路。主电路是给异步电动机提供调压调频电源的电力变换部分，如图3-40所示。变频器的主电路大体上可分为以下两类：

① 电压型。它是将电压源的直流变换为交流的变频器，直流回路的滤波是电容。

② 电流型。它是将电流源的直流变换为交流的变频器，其直流回路滤波是电感。它由三部分构成，将工频电源变换为直流功率的"整流器"，吸收在变流器和逆变器产生的电

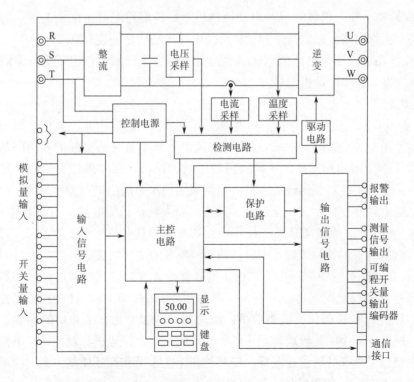

图3-40　主电路

压脉动的"平波回路"以及将直流功率变换为交流功率的"逆变器"。

（2）整流器。大量使用的是二极管的变流器，它把工频电源变换为直流电源。也可用两组晶体管变流器构成可逆变流器，由于其功率方向可逆，可以进行再生运转。

（3）平波回路。在整流器整流后的直流电压中，含有电源6倍频率的脉动电压，此外逆变器产生的脉动电流也使直流电压变动。为了抑制电压波动，采用电感和电容吸收脉动电压（电流）。装置容量小时，如果电源和主电路构成器件有余量，可以省去电感更替可以的平波回路。

（4）逆变器。同整流器相反，逆变器是将直流功率变换为所要求频率的交流功率，以所确定的时间使6个开关器件导通、关断就可以得到三相交流输出。

控制电路是给异步电动机供电（电压、频率可调）的主电路提供控制信号的回路，它由频率、电压的"运算电路"，主电路的"电压、电流检测电路"，电动机的"速度检测电路"，将运算电路的控制信号进行放大的"驱动电路"以及逆变器和电动机的"保护电路"组成。

① 运算电路。将外部的速度、转矩等指令同检测电路的电流、电压信号进行比较运算，决定逆变器的输出电压、频率。

② 电压、电流检测电路。用来检测线路中的电压和电流。若线路中的电压、电流过低或过高，则系统会进行保护。如工作电压是否在允许范围之内，或者运行时电压是否出现异常的波动等。

③ 驱动电路。即驱动主电路器件的电路。它与控制电路隔离，使主电路器件导通、关断。

④ 速度检测电路。以装在异步电动机轴机上的速度检测器（tg、plg等）的信号为速度信号，送入运算回路，根据指令和运算可使电动机按指令速度运转。

⑤ 保护电路。检测主电路的电压、电流等，当发生过载或过电压等异常时，保护电路可防止逆变器和异步电动机损坏。

3.4.15.4　功能作用

（1）变频节能。变频器节能主要表现在风机、水泵的应用上。风机、泵类负载采用变频调速后，节电率为20%~60%，这是因为风机、泵类负载的实际消耗功率基本与转速的三次方成比例。当用户需要的平均流量较小时，风机、泵类采用变频调速使其转速降低，节能效果非常明显。而传统的风机、泵类采用挡板和阀门进行流量调节，电动机转速基本不变，耗电功率变化不大。据统计，风机、泵类电动机用电量占全国用电量的31%，占工业用电量的50%。在此类负载上使用变频调速装置具有非常重要的意义。目前，应用较成功的有恒压供水、各类风机、中央空调和液压泵的变频调速。

（2）在自动化系统中应用广泛。由于变频器内置有32位或16位的微处理器，具有多种算术逻辑运算和智能控制功能，输出频率精度为0.01%~0.1%，且设置有完善的检测、保护环节，因此，在自动化系统中获得广泛应用。例如，化纤工业中的卷绕、拉伸、计量、导丝；玻璃工业中的平板玻璃退火炉、玻璃窑搅拌、拉边机、制瓶机；电弧炉自动加料、配料系统以及电梯的智能控制等。变频器高工艺水平和产品质量方面，应用在数控机床控制、汽车生产线、造纸和电梯上。

（3）可提高工艺水平和产品质量。变频器广泛应用于传送、起重、挤压和机床等各种机械设备控制领域，它可以提高工艺水平和产品质量，减少设备的冲击和噪声，延长设备的使用寿命。采用变频调速控制后，使机械系统简化，操作和控制更加方便，有的甚至可以改变原有的工艺规范，从而提高了整个设备的功能。例如，纺织等行业用的定型机，机内温度是靠改变送入热风的多少来调节的。输送热风通常用的是循环风机，由于风机速度不变，送入热风的量可通过风门来调节。如果风门调节失灵或调节不当就会造成定型机失控，从而影响成品质量。循环风机高速启动，传动带与轴承之间磨损非常厉害，使传动带变成一种易耗品。在采用变频调速后，温度调节可以通过变频器自动调节风机的速度来实现，解决了产品质量问题。此外，变频器能够很方便地实现风机在低频低速下启动，并减少传动带与轴承之间的磨损，还可以延长设备的使用寿命，同时可以节能40%。

（4）可实现电动机软启动。电动机硬启动不仅会对电网造成严重的冲击，而且会对电网容量要求过高，启动时产生的大电流和振动，对挡板和阀门的损害极大，对设备、管路的使用寿命极为不利。而使用变频器后，变频器的软启动功能将使启动电流从零开始变化，最大值也不超过额定电流，减轻了对电网的冲击和对供电容量的要求，延长了设备和阀门的使用寿命，同时也节省设备的维护费用。

（5）频率给定方式。变频器常见的频率给定方式主要有：操作器键盘给定、接点信号给定、模拟信号给定、脉冲信号给定和通信方式给定等。这些频率给定方式各有优缺点，必须按照实际的需要进行选择设置，同时也可以根据功能需要选择不同频率给定方式，进行叠加和切换。

（6）控制方式。低压通用变频输出电压为380~650V，输出功率为0.75~400kW，工作频率为0~400Hz，它的主电路都采用交—直—交电路。其控制方式经历了以下四代。

① 正弦脉宽调制（SPWM）控制方式。其特点是控制电路结构简单、成本较低，机械特性硬度也较好，能够满足一般传动的平滑调速要求，已在产业的各个领域得到广泛应用。但是，这种控制方式在低频时，由于输出电压较低，转矩受定子电阻压降的影响比较显著，使输出最大转矩减小。另外，其机械特性终究没有直流电动机硬，动态转矩能力和静态调速性能都还不尽如人意，且系统性能不高、控制曲线会随负载的变化而变化，转矩响应慢、电动机转矩利用率不高，低速时因定子电阻和逆变器死区效应的存在而造成性能下降，稳定性变差等。因此人们又研究出矢量控制变频调速。

② 电压空间矢量（SVPWM）控制方式。它是以三相波形整体生成效果为前提，以逼近电动机气隙的理想圆形旋转磁场轨迹为目的，一次生成三相调制波形，以内切多边形逼近圆的方式进行控制。经实践使用后又有所改进，即引入频率补偿，能消除速度控制的误差；通过反馈估算磁链幅值，消除低速时定子电阻的影响；从而输出电压、电流闭环，以提高动态的精度和稳定度。但控制电路环节较多，且没有引入转矩的调节，所以系统性能没有得到根本改善。

③ 矢量控制（VC）方式。矢量控制变频调速的做法是将异步电动机在三相坐标系下的定子电流 I_a、I_b、I_c，通过三相—二相变换，等效成两相静止坐标系下的交流电流 I_{a1}、I_{b1}，再通过按转子磁场定向旋转变换，等效成同步旋转坐标系下的直流电流 I_{m1}、I_{t1}（I_{m1} 相

当于直流电动机的励磁电流；I_{t1}相当于与转矩成正比的电枢电流），然后模仿直流电动机的控制方法，求得直流电动机的控制量，经过相应的坐标变换，实现对异步电动机的控制。其实质是将交流电动机等效为直流电动机，分别对速度、磁场两个分量进行独立控制。通过控制转子磁链，然后分解定子电流而获得转矩和磁场两个分量，经坐标变换，实现正交或解耦控制。矢量控制方法的提出具有划时代的意义。然而在实际应用中，由于转子磁链难以准确观测，系统特性受电动机参数的影响较大，且在等效直流电动机控制过程中所用矢量旋转变换较复杂，使得实际的控制效果难以达到理想分析的结果。

④ 直接转矩控制（DTC）方式。1985年，德国鲁尔大学的DePenbrock教授首次提出了直接转矩控制变频技术。该技术在很大程度上解决了上述矢量控制的不足，并以新颖的控制思想、简洁明了的系统结构、优良的动静态性能得到了迅速发展。该技术已成功地应用在电力机车牵引的大功率交流传动上。直接转矩控制直接在定子坐标系下，分析交流电动机的数学模型，控制电动机的磁链和转矩。不需要将交流电动机等效为直流电动机，因而省去了矢量旋转变换中的许多复杂计算；不需要模仿直流电动机的控制，也不需要为解耦而简化交流电动机的数学模型。

⑤ 矩阵式交—交控制方式。VVVF变频、矢量控制变频、直接转矩控制变频都是交—直—交变频中的一种。其共同缺点是输入功率因数低，谐波电流大，直流电路需要大的储能电容，再生能量又不能反馈回电网，即不能进行四象限运行。为此，矩阵式交—交变频应运而生。由于矩阵式交—交变频省去了中间直流环节，从而省去了体积大、价格贵的电解电容。它能实现功率因数为1，输入电流为正弦且能四象限运行，系统的功率密度大。该技术虽尚未成熟，但仍吸引众多的学者深入研究。其实质不是间接的控制电流、磁链等量，而是把转矩直接作为被控制量来实现的。具体方法是：

a.控制定子磁链，引入定子磁链观测器，实现无速度传感器方式。

b.自动识别（ID），依靠精确的电动机数学模型对电动机参数自动识别。

c.算出实际值，对应定子阻抗、互感、磁饱和因素、惯量等算出实际的转矩、定子磁链、转子速度进行实时控制。

d.实现时间最优控制，按磁链和转矩的时间最优控制产生PWM信号，对逆变器开关状态进行控制。

矩阵式交—交变频具有快速的转矩响应（<2ms），很高的速度精度（±2%，无PG反馈），高转矩精度（<+3%）；同时还具有较高的启动转矩及高转矩精度，尤其在低速时（包括0速度时），可输出150%~200%的转矩。

3.4.16 编码器

编码器（encoder）是将信号（如比特流）或数据进行编制、转换为可用以通信、传输和存储信号形式的设备。编码器把角位移或直线位移转换成电信号，前者称为码盘，后者称为码尺。

3.4.16.1 实例

编码器如图3-41所示。

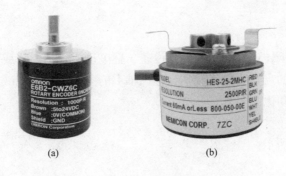

(a)　　　　　　　　(b)

图3-41　编码器

3.4.16.2　主要分类

编码器可按以下方式来分类。

（1）按码盘的刻孔方式不同分类。

① 增量式。即增量式编码器转轴旋转时，有相应的脉冲输出，其旋转方向的判别和脉冲数量的增减借助后部的判向电路和计数器来实现。其计数起点任意设定，可实现多圈无限累加和测量。还可以把每转发出一个脉冲的Z信号作为参考机械零位。编码器轴转一圈会输出固定的脉冲，脉冲数由编码器光栅的线数决定。

② 绝对值式。即对应一圈，每个基准的角度发出一个唯一与该角度对应二进制的数值，通过外部记圈器件，可以进行多个位置的记录和测量。

（2）按信号的输出类型不同分类。可分为电压输出、集电极开路输出、推拉互补输出和长线驱动输出。

（3）以编码器机械安装形式不同分类。

① 有轴型：有轴型又可分为夹紧法兰型、同步法兰型和伺服安装型等。

② 轴套型：轴套型又可分为半空型、全空型和大口径型等。

（4）按编码器工作原理不同分类。可分为光电式、磁电式和触点电刷式。

3.4.16.3　工作原理

编码器有一个中心有轴的光电码盘，其上有环形通、暗的刻线，有光电发射和接收器件读取，获得四组正弦波信号组合成A、B、C、D，每个正弦波相差90°相位差（相对于一个周波为360°），将C、D信号反向，叠加在A、B两相上，可增强稳定信号；另每转输出一个Z相脉冲以代表零位参考位。

由于A、B两相相差90°，可通过比较A相在前还是B相在前，以判别编码器的正转与反转，通过零位脉冲，可获得编码器的零位参考位。编码器码盘的材料有玻璃、金属、塑料，玻璃码盘是在玻璃上沉积很薄的刻线，其热稳定性好，精度高，金属码盘直接以通和不通刻线，不易碎，但由于金属有一定的厚度，精度就有限制，其热稳定性就要比玻璃的差一个数量级，塑料码盘比较经济，其成本低，但精度、热稳定性、寿命均要比金属的差一些。

分辨率编码器以每旋转360°提供通或暗刻线的多少来定义分辨率，也称解析分度或直接称多少线，一般为每转分度5~10000线。

3.4.17 减速器

减速机一般用于低转速大扭矩的传动设备，把电动机、内燃机或其他高速运转的动力通过减速机输入轴上的齿数少的齿轮啮合输出轴上的大齿轮来达到减速的目的，大小齿轮的齿数之比，就是传动比。

3.4.17.1 实例

减速器如图3-42所示。

(a)   (b)

图3-42 减速器

3.4.17.2 分类

减速机在原动机和工作机或执行机构之间起匹配转速和传递转矩的作用，是一种相对精密的机械。使用它的目的是降低转速，增加转矩。它的种类繁多，型号各异，不同种类有不同的用途。减速器的种类繁多，按照传动类型可分为齿轮减速器、蜗杆减速器和行星齿轮减速器；按照传动级数不同可分为单级和多级减速器；按照齿轮形状不同可分为圆柱齿轮减速器、圆锥齿轮减速器和圆锥—圆柱齿轮减速器；按照传动的布置形式不同又可分为展开式、分流式和同轴式减速器。

3.4.17.3 特点

蜗轮蜗杆减速机的主要特点是具有反向自锁功能，可以有较大的减速比，输入轴和输出轴不在同一轴线上，也不在同一平面上。但是一般体积较大，传动效率不高，精度不高。谐波减速机的谐波传动是利用柔性元件可控的弹性变形来传递运动和动力的，体积不大、精度很高，但缺点是柔轮寿命有限、不耐冲击，刚性与金属件相比较差，输入转速不能太高。行星减速机其优点是结构比较紧凑，回程间隙小，精度较高，使用寿命很长，额定输出扭矩可以做得很大，但价格略贵。齿轮减速机具有体积小，传递扭矩大的特点。齿轮减速机在模块组合体系基础上设计制造，有很多电动机组合、安装形式和结构方案，传动比分级细密，可满足不同的使用工况，实现机电一体化。齿轮减速机传动效率高，耗能低，性能优越。摆线针轮减速机是一种采用摆线针齿啮合行星传动原理的传动机型，是一种理想的传动装置，具有许多优点，用途广泛，并可正反运转。

3.4.17.4 作用

减速机在降速的同时可提高输出扭矩，扭矩输出比例按电动机输出乘减速比，但要注意不能超出减速机的额定扭矩。减速同时降低了负载的惯量，惯量的减少为减速比的平方。

3.4.17.5　应用领域

减速机是国民经济诸多领域的机械传动装置，行业涉及的产品类别包括各类齿轮减速机、行星齿轮减速机及蜗杆减速机，也包括各种专用传动装置，如增速装置、调速装置以及包括柔性传动装置在内的各类复合传动装置等。产品服务领域涉及冶金、有色、煤炭、建材、船舶、水利、电力、工程机械及石化等行业。

我国减速机行业发展历史已有近40年，应用于国民经济及国防工业的各个领域，减速机产品都有着广泛的应用。食品轻工、建筑、冶金、石油化工等行业领域对减速机产品都有旺盛的需求。

潜力巨大的市场催生了激烈的行业竞争，在残酷的市场争夺中，减速机企业必须加快淘汰落后产能，大力发展高效节能产品，充分利用国家节能产品惠民工程政策机遇，加大产品更新力度，调整产品结构，关注国家产业政策，以应对复杂多变的经济环境，保持良好发展势头。

3.4.17.6　使用方法

① 减速机在运转200~300h后，应进行第一次换油，在以后的使用中应定期检查油的质量，对于混入杂质或变质的油须及时更换。一般情况下，对于长期连续工作的减速机，按运行5000h或每年一次更换新油，长期停用的减速机，在重新运转之前也应更换新油。减速机应加入与原来牌号相同的油，不得与不同牌号的油相混用，牌号相同而黏度不同的油允许混合使用。

② 换油时要等待减速机冷却下来无燃烧危险为止，但仍应保持温热，因为完全冷却后，油的黏度增大，造成放油困难。换油时要切断传动装置电源，防止无意间通电。

③ 工作中，当发现油温温升超过80℃或油池温度超过100℃及产生不正常的噪声等现象时应停止使用，检查原因，必须及时排除故障，更换润滑油后，方可继续运转。

④ 用户应建立合理的使用维护规章制度，对减速机的运转情况和检验中发现的问题应认真记录，上述规定应严格执行。

3.4.17.7　维护

润滑脂的选择根据减速机轴承负荷选择润滑脂时，对重负荷应选针入度小的润滑脂。在高压下工作时除针入度小外，还要有较高的油膜强度和极压机能。钙基润滑脂具有良好的抗水性，与水不易乳化变质，能适用于潮湿环境或与水接触的各种机械部件的润滑。按照工作温度选择润滑脂时，主要指标应是滴点、氧化安定性和低温机能，滴点一般可用来评价高温机能，轴承实际工作温度应低于滴点10~20℃。合成润滑脂的使用温度应低于滴点20~30℃。

不同的润滑油禁止相互混合使用。油位螺塞、放油螺塞和通气器的位置由安装位置决定。

（1）油位检查。

① 切断电源，防止触电。等待减速机冷却。

② 移去油位螺塞检查油是否充满。

③ 安装油位螺塞。

（2）油的检查。

① 切断电源，防止触电。等待减速机冷却。

② 打开放油螺塞，取油样。

③ 检查油的黏度指数，如果油明显浑浊，建议尽快更换。

④ 对于带油位螺塞的减速机，检查油位是否合格；安装油位螺塞。

（3）油的更换。

① 冷却后油的黏度增大，会造成放油困难，减速机应在运行温度下换油。

② 切断电源，防止触电。等待减速机冷却下来无燃烧危险为止。注意：换油时减速机仍应保持温热。

③ 在放油螺塞下面放一个接油盘。

④ 打开油位螺塞、通气器和放油螺塞。

⑤ 将油全部排除。

⑥ 装上放油螺塞。

⑦ 注入同牌号的新油。

⑧ 油量应与安装位置一致。

⑨ 在油位螺塞处检查油位。

⑩ 拧紧油位螺塞及通气器。

3.4.17.8　润滑保养

在投入运转之前，在减速机中装入建议的型号和数值的润滑脂。减速机采用润滑油润滑。对于竖直安装的减速机，鉴于润滑油可能不能保证最上面的轴承的可靠润滑，因此采用另外的润滑措施。

在运行以前，在减速机中注入适量的润滑油。减速机通常装备有注油孔和放油塞。因此在订购减速机时必须指定安装位置。

终生润滑的组合减速机在制造厂注满合成油，除此之外，减速机供货时通常是不带润滑油的，并带有注油塞和放油塞。根据订货时指定的安装位置，设置油位塞的位置，以保证正确注油，减速机注油量应该根据不同安装方式来确定。如果传输功率超过减速机的热容量，必须提供外置冷却装置。工作油温不应超过80℃。

3.4.18　电磁阀

电磁阀（electromagnetic valve）是用电磁控制的工业设备，是用来控制流体的自动化基础元件，属于执行器，并不限于液压、气动。用在工业控制系统中调整介质的方向、流量、速度和其他的参数。电磁阀可以配合不同的电路来实现预期的控制，而控制的精度和灵活性都能够保证。电磁阀有很多种，不同的电磁阀在控制系统的不同位置发挥作用，最常用的是单向阀、安全阀、方向控制阀、速度调节阀等。

3.4.18.1　实例

电磁阀如图3-43所示。

3.4.18.2　工作原理

电磁阀里有密闭的腔，在不同位置开有通孔，每个孔连接不同的油管，腔中间是活塞，两面是两块电磁铁，哪面的磁铁线圈通电阀体就会被吸引到哪边，通过控制阀体的移动来开启或关闭不同的排油孔，而进油孔是常开的，液压油就会进入不同的排油管，然后

(a)   (b)

图3-43 电磁阀

通过油的压力来推动油缸的活塞，活塞又带动活塞杆，活塞杆带动机械装置。这样通过控制电磁铁的电流通断即可控制机械运动，如图3-44所示。

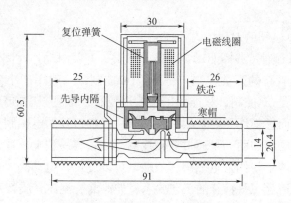

图3-44 电磁阀工作原理

3.4.18.3 主要分类

电磁阀按工作原理不同可分为以下三类：

（1）直动式电磁阀。

原理：通电时，电磁线圈产生电磁力把关闭件从阀座上提起，阀门打开；断电时，电磁力消失，弹簧把关闭件压在阀座上，阀门关闭。

特点：在真空、负压、零压时能正常工作，但通径一般不超过25mm。

（2）分步直动式电磁阀。

原理：它是直动式和先导式相结合的原理，当入口与出口没有压差时，通电后，电磁力直接把先导小阀和主阀关闭件依次向上提起，阀门打开。当入口与出口达到启动压差时，通电后，电磁力先导小阀，主阀下腔压力上升，上腔压力下降，从而利用压差把主阀向上推开；断电时，先导阀利用弹簧力或介质压力推动关闭件，向下移动，使阀门关闭。

特点：在零压差或真空、高压时也可动作，但功率较大，要求必须水平安装。

（3）先导式电磁阀。

原理：通电时，电磁力把先导孔打开，上腔室压力迅速下降，在关闭件周围形成上低下高的压差，流体压力推动关闭件向上移动，阀门打开；断电时，弹簧把先导孔关闭，入口压力通过旁通孔迅速进入腔室在关阀件周围形成下低上高的压差，流体压力推动关闭件向下移动，关闭阀门。

特点：流体压力范围上限较高，可任意安装（需定制），但必须满足流体压差条件。

电磁阀从阀结构和材料上的不同与原理上的区别，分为六个分支小类：直动膜片结构、分步直动膜片结构、先导膜片结构、直动活塞结构、分步直动活塞结构及先导活塞结构。

电磁阀按照功能可分为水用电磁阀、蒸汽电磁阀、制冷电磁阀、低温电磁阀、燃气电磁阀、消防电磁阀、氨用电磁阀、气体电磁阀、液体电磁阀、微型电磁阀、脉冲电磁阀、液压电磁阀、常开电磁阀、油用电磁阀、直流电磁阀、高压电磁阀、防爆电磁阀等。

3.4.18.4　主要区别

（1）电动阀与电磁阀的区别。电磁阀是电磁线圈通电后产生磁力吸引，克服弹簧的压力带动阀芯动作，就一电磁线圈，结构简单，价格便宜，只能实现开关。

电动阀是通过电动机驱动阀杆，带动阀芯动作，电动阀又分关断阀和调节阀。关断阀是两位式的工作即全开和全关，调节阀是在上面安装电动阀门定位器，通过闭环调节来使阀门动态的稳定在一个位置上。

（2）电动阀和电磁阀的对比。

① 电磁阀。电磁阀通过线圈驱动，只能开或关，开关时动作时间短。

用于液体和气体管路的开关控制，是两位DO控制，一般用于小型管道的控制。电磁阀只能用作开关量，是DO控制，只能用于小管道控制，常见于DN50及以下管道。电磁阀一般流通系数很小，而且工作压力差很小。比如一般25口径的电磁阀流通系数比15口径的电动球阀小很多。电磁阀的驱动是通过电磁线圈，比较容易被电压冲击损坏。相当于开关的作用，就是开和关两个动作。电磁阀一般断电可以复位，电动阀要具有这样的功能需要加复位装置。电磁阀适合一些特殊的工艺要求，如泄漏、流体介质特殊等，价格较贵。

② 电动阀。电动阀的驱动一般是用电动机驱动，开或关动作完成需要一定的时间模拟量，可以做调节。电动阀的驱动一般是用电动机，比较耐电压冲击。电磁阀是快开和快关的，一般用在小流量和小压力工况，要求用于开关频率大的地方；电动阀反之。电动阀的开度可以控制，状态有开、关、半开半关，可以控制管道中介质的流量，而电磁阀达不到这个要求。

电动阀用于液体、气体和风系统管道介质流量的模拟量调节，是AI控制。在大型阀门和风系统的控制中也可以用电动阀做两位开关控制。电动阀可以由DO或AO控制，比较多见于大管道和风阀等。电动阀一般用于调节，也有开关量的，如风机盘管末端。

3.4.18.5　主要特点

（1）外漏杜绝，内漏易控，使用安全。内外泄漏是危及安全的重要因素。其他自控阀通常将阀杆伸出，由电动、气动、液动执行机构控制阀芯的转动或移动。这都要解决长期动作阀杆动密封的外泄漏难题；唯有电磁阀是用电磁力作用于密封在电动调节阀隔磁套管内的铁芯完成，不存在动密封，所以外漏易杜绝。电动阀力矩控制不易，容易产生内漏，甚至拉断阀杆头部；电磁阀的结构型式容易控制内泄漏，直至降为零。所以，电磁阀使用特别安全，尤其适用于腐蚀性、有毒或高低温的介质。

（2）系统简单，便于连接计算机，价格低廉。电磁阀本身结构简单，价格也低，比起调节阀等其他种类执行器易于安装维护。更显著的是所组成的自控系统简单得多，价格要低得多。由于电磁阀是开关信号控制，与工控计算机连接十分方便。在当今计算机普及、价格大幅下降的时代，电磁阀的优势就更加明显。

（3）动作快递，功率微小，外形轻巧。电磁阀响应时间可以短至几毫秒，即使是先导式电磁阀也可以控制在几十毫秒内。由于自成回路，较之其他自控阀反应更灵敏。设计得当的电磁阀线圈功率消耗很低，属节能产品；还可做到只需触发动作，自动保持阀位，平时一点也不耗电。电磁阀外形尺寸小，既节省空间，又轻巧美观。

（4）调节精度受限，适用介质受限。电磁阀通常只有开关两种状态，阀芯只能处于两个极限位置，不能连续调节，所以调节精度还受到一定限制。

电磁阀对介质洁净度有较高要求，含颗粒状的介质不能适用，如属杂质需先滤去。另外黏稠状介质不能适用，而且特定的产品适用的介质黏度范围相对较窄。

（5）型号多样，用途广泛。电磁阀虽有先天不足，优点仍十分突出，已设计成多种多样的产品，满足各种不同的需求，用途极为广泛。电磁阀技术的进步也都是围绕如何克服先天不足，如何更好地发挥固有优势而展开。

3.4.19　空气过滤器

空气过滤器用于分离压缩空气中凝聚的水分和油分等杂质，使压缩空气得到初步净化，一般使用压力为0.1~2.5MPa。

3.4.19.1　实例

空气过滤器如图3-45所示。

图3-45　空气过滤器

3.4.19.2　工作原理

当压缩空气进入油水分离器后，产生流向和速度的急剧变化，再依靠惯性作用，将密度比压缩空气大的油滴和水滴分离出来。常见的为撞击式油水分离器和环形回转式油水分离器。压缩空气自入口进入油水分离器壳体后，气流先受隔板阻挡撞击折回向下，继而又回升向上，产生环形回转。这样使水滴和油滴在离心力和惯性力作用下，从空气中分离析出并沉降在壳体底部而另一种油水分离系统，内部采用不锈钢丝网聚结填料，壳体用钢制焊接罐体结构，一般使用压力为0.1~2.5MPa。其原理是利用旋风与不锈钢丝网捕雾的有机结合，同时采用直接拦截、惯性碰撞、布朗扩散及凝聚等机理，能有效地去除压缩空气中的尘、水、油雾，除水量、除油量大，适应范围广。

当含有油和水的压缩空气等气体通入油水分离器，大液滴在重力作用下落到油水分离器底部，雾状小液滴被丝网捕获，凝结成大液滴落到油水分离器底部。夹带的液体因此被分离出来，被分离出来的液体流入下部经人工打开阀门排出，或者在下部装上空气排液阀排出体外。

3.4.19.3　组成部分

空气过滤器由粗粒化芯盖、粗粒化芯、密封垫片和粗粒化芯底板；精滤腔、水管、透明塑料管、精滤芯盖；三弯嘴旋塞、不锈钢丝滤网；加热器、温度压力控制器；手动控制的顶杆及电磁阀等组成。

空气过滤器如图3-46所示。

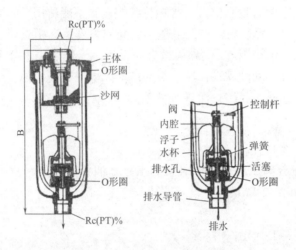

图3-46　空气过滤器

复习思考题

1.请简述自动裁床的电路构成。

2.自动裁床有哪几个主要接线图？

3.自动裁床常用的元器件有哪些？

4.交流伺服电动机与直流伺服电动机相比有哪些优势？

第4章

自动裁床的系统软件

4.1 概述

4.1.1 软件介绍

软件是人机交互的枢纽，也是运动控制的中枢。裁床的软件系统包含裁剪软件、人机界面（HMI）组态、加密程序等。裁床在实际工作过程中，多数操作都是在软件中完成的，如选择裁剪文件、设置裁剪参数、查看裁剪进度等。机械运动的控制运算也是由软件完成的，通过解析CAD裁剪文件，经过快速而精确的计算，将文件转换为各轴的运动曲线，通过运动控制卡与机械进行数据交互，从而实时掌握机械状态或控制机械运动。

4.1.2 智能裁剪软件

使用智能裁剪软件控制裁剪机工作是目前行业中最先进的控制模式之一。智能裁剪软件主要分为三大功能模块：排板分析、运动控制及信息采集。

4.1.2.1 排板分析

快速解析CAD裁剪文件，将文件以图片的形式展现在屏幕上，并通过运算将文件的尺寸、裁片数、分窗数、裁片下刀点以及裁剪方向等信息展现出来，让操作人员清晰明了。软件通过对裁片坐标的运算，快速优化出裁剪路径，结合硬件对各轴做出精确调整，然后通过多线程将运动程序写入运动控制卡，从而使机械平稳做工作。

4.1.2.2 运动控制

裁剪系统的运动控制是靠计算机与其他硬件设备之间的通信来完成的。

（1）计算机与人机界面的通信。出于安全考虑，裁剪机的启动、暂停等操作都是在裁床横梁上的HMI上进行的。计算机与HMI之间采用RS-232通信技术，HMI在通信协议中以下位机的身份存在。计算机通过线程扫描HMI，当操作人员在HMI上做出操作时，计算机将从HMI上扫描到的数据变化，转换为相应的动作，从而实现HMI操作机器的功能。

（2）计算机与各运动轴或IO设备之间的通信。计算机装有内嵌式的运动控制卡，运动控制卡通过解析计算机指令，向各轴输出脉冲或模拟量实现控制轴运动，通过改变IO电平实现控制IO设备，各轴或IO设备将数据反馈回控制卡。计算机通过读写运动控制卡的数据，便可实现计算机与各轴或IO设备之间的通信。

4.1.2.3　信息采集

计算机通过多线程扫描读取运动控制卡采集数据，将采集到的数据，通过计算转换并显示到屏幕上，让操作人员实时掌握工作进度以及各轴的运行状态等信息，如图4-1所示。

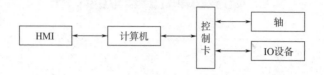

图4-1　控制框图

随着物联网（IOT）技术的发展，智能裁剪软件的功能也在朝着新的领域迈进，裁床的信息监控及操作已不仅限于现场。通过移动网络设备，无论身处何地，都可以实时查看裁床的状态。相信裁剪系统的未来一定会更加智能和人性化。

元一智能裁剪软件（YYC Cutter）是运行在Windows操作系统下的上位机工控软件。元一裁剪系统采用先进的高性能运动控制卡，如图4-2所示，YYC Cutter软件界面清晰、操作简单，并且具有以下特点：

（1）安全系数高。工作人员只需要在计算机端或HMI端操作软件，便可以控制机器运作，从而减少了与机械运动部位的接触，大幅降低了人员受伤的风险；软件通过对急停装置、防撞装置等安全装置的实时监控，进一步保障了机器操作的安全性。

（2）信息直观。软件通过实时数据采集，将设备各项工作数据展现在屏幕上，让机器的运作状态及工作进度等一目了然。装有物联网装置的机器，还可以在个人手机或平板上通过"元一管家"查看设备信息。

（3）控制灵敏。软件操作设备时，计算机通过高速精准运算并发送指令，使机器在第一时间做出响应。

（4）精确度高。软件对操作数据的计算可精确至微米级，大幅降低了误差。

（5）功能强大。多种裁剪模式和参数配置使裁床在不同的生产环境下完美适应。

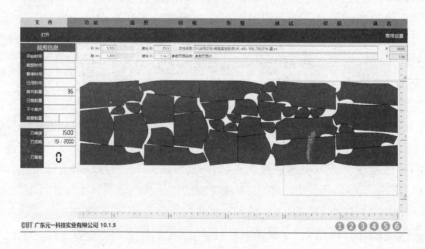

图4-2　软件界面

4.2 系统控制

4.2.1 计算机系统

裁床计算机的操作系统由软件研发工程师指定安装，安装后应符合以下要求：
（1）计算机硬件驱动需完善并兼容。
（2）软件所需的运行库及运行平台需完善并兼容。
（3）计算机系统干净，无其他不相关的软件。

4.2.2 软件安装

智能裁剪软件及相关调试软件的安装路径、软件版本都由相关工程师指定安装。无特殊要求，禁止安装其他不相关的软件。

4.2.3 软件配置

软件的相关配置与对应机型硬件配置应完全对应一致。

4.2.4 设备数据

调机人员通过软件对机器的位置、距离、角度、动作等进行校正，各项控制或动作都无异常时，保存数据。

4.2.5 软件运行

按照标准裁剪操作流程运行软件，运行过程中，以下各项不能有异常：
（1）软件各页面操作流畅，无卡顿现象。
（2）各项操作（暂停、急停、继续裁剪等操作）机器动作反馈正常。
（3）裁出的裁片要与CAD所绘制的图片一致。
（4）软件操作与运行过程中无死机、闪退等现象。

4.2.6 软件备份

机器出货前，相关人员应对软件进行备份，以便后续维护。

4.3 元一裁剪软件

4.3.1 软件系统

元一裁床的软件系统包含YYC Cutter、HMI组态以及加密程序等。

4.3.1.1 软件安装

YYC Cutter可在Windows10或装有.NET4.0以上版本的Windows7上运行。安装软件之前必须将Windows操作系统安装到计算机上。YYC Cutter软件安装在工厂里新的裁剪机上。当软件需要升级或Windows操作系统必须重新安装时，请先与软件服务代表联系。

YYC Cutter裁剪机主控制界面，如图4-3所示。

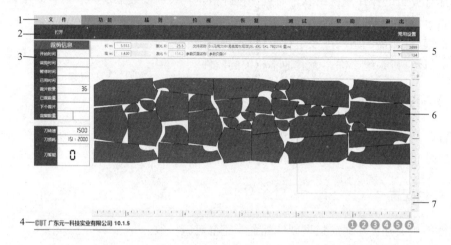

图4-3　主控制界面

1—菜单栏　2—子菜单栏　3—裁剪信息显示区域　4—状态栏　5—文件信息显示区域　6—版图显示区域　7—版图标尺

打开YYC Cutter时将显示如图4-3所示界面，此界面中的功能说明如下：

（1）菜单栏。当菜单栏中一项被选中时，该菜单项的子菜单将展开在子菜单栏中。

（2）子菜单栏。当点击子菜单栏中的命令时，将执行该菜单项的相关命令或打开相应的操作页面。

（3）裁剪信息显示区域。当开始裁剪时，将在该区域看到以下信息：开始时间、暂停时间、剩余时间、已裁时间、裁片数量、已裁数量、下个裁片、裁窗数量、裁剪进度、刀转速、刀损耗、刀智能。

（4）状态栏。左侧显示公司名称及软件版本；右侧为错误指示信号，正常情况下都为绿色，各信号灯分别代表以下错误信息：❶板卡；❷主电；❸各轴上电及报警信号；❹感应器状态；❺初始化状态；❻触屏及物联网端口状态。

（5）文件信息显示区域。显示文件位置、尺寸、裁剪参数页以及裁头位置等信息。

（6）版图显示区域。显示文件版图。

（7）版图标尺。测量文件版图。

4.3.1.2 裁剪文件

（1）文件打开。YYC Cutter软件支持的裁剪文件，如图4-4所示，可用元一科技提供的CAD排板软件制作与排板。文件格式支持.nc及.yyc、.cut等各种加密格式，打开加密格式的文件，需配合特定的加密锁。

依次点击"文件""打开"即可弹出文件打开页面。选择将要裁剪的文件，指定参数页，必要时调整公英制、缩放等信息，点击"确定"即可打开文件。

（2）文件显示。文件打开后，文件板图将显示在主页面的板图显示区域，如图4-5

图4-4　文件打开页面

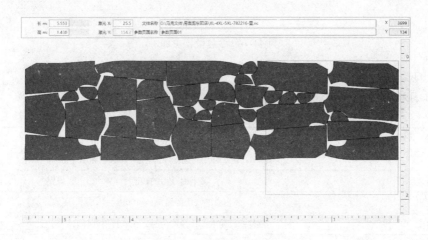

图4-5　板图显示区域

所示。

　　裁片序号显示在裁片中间，一般情况下未裁的裁片为蓝色，已裁的裁片为绿色，对称裁的裁片为白色，分窗后每窗首个裁片为白色。可通过按下鼠标左键拖动图片，滑动鼠标滚轮放大或缩小图片。

4.3.1.3　参数的设定

　　（1）修改参数。参数包含"裁剪参数""刀片设置""常用设置"以及"维护数据配置"。其中"裁剪参数"与"刀片设置"如需修改，应在开始裁剪之前或打开文件之前修改；"常用设置"可在裁剪过程中修改调节；"维护数据配置"是维修工程师可以访问的参数类别，如需修改请联系维修工程师。

　　依次点击"功能""裁剪参数"即可打开裁剪参数设置页面，如图4-6所示。

　　左侧参数页是在不同裁剪环境下所存储的参数设置，右侧为对应参数页面的参数设置明细。

　　裁剪前，应先选择参数页面，然后根据实际情况对该参数页面的参数设置明细进行适当修改，点击"应用"将会使参数设置应用到本次裁剪，点击"确定"将会存储参数的修

图4-6　参数设置页面

改到对应的参数页。

（2）裁剪参数说明。裁剪参数说明见表4-1。

表4-1　裁剪参数说明

类别	参数表
裁剪速度	裁头移动的速度等级（1~10级）
裁刀转速	裁剪时裁刀的转速
刀盘气压	刀盘的气压等级（1~100级）
提刀角度	裁片的转角大于该角度值时，在该转角处提刀
冷却启用	裁剪时冷却刀片，防止黏布（特定设备选项）
磨刀长度	磨刀方式为"按距离"时，裁剪长度超过该设定值时，执行磨刀动作
剪口深度	设定剪口深度
剪口宽度	设定剪口宽度
裁剪模式	是否逆时针裁剪
剪口模式	剪口转换样式，分为默认I剪口、内V形剪口、外V形剪口等
剪口执行	剪口的执行方式，分为正常模式、先裁后打模式等
过裁	设定裁片开切点与结束点的过裁长度，避免裁不断
裁剪布边模式	裁剪完一窗后是否切割布边
钻启用	（配有打孔装置的设备）启用后，在有打孔的裁片上执行打孔动作
内边距	裁剪路径与裁片边缘的距离偏移量
定刀模式	（配有定刀装置的设备）分为手动模式与自动模式，裁剪时将刀盘固定到一定高度
刀智能	（配有刀智能的设备）裁刀智能纠偏灵敏度

（3）常用设置参数说明。常用设置参数说明见表4-2，页面如图4-7所示。

表4-2　常用设置参数

类别	参数说明
禁用裁头跟随	过窗时裁头是否跟随移动回原点
模拟裁剪启用	启用后激光模拟裁剪
分窗长度	启用"分窗长度"后，定原点时文件将按设定的长度分窗
打孔延时	打孔时钻针在下方的停留时间
转角振刀速度	裁剪转角时的振刀速度
转弯振刀速度	裁剪弧形时的振刀速度
剪口振刀速度	裁剪口时的振刀速度
切割时真空	切割时的真空吸力等级
闲置时真空	闲置时的真空吸力等级
过窗时真空	过窗时的真空吸力等级
磨刀转速	磨刀电动机的转速

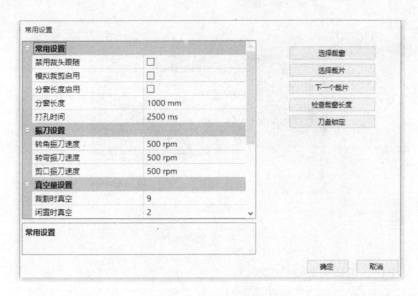

图4-7　常用设置参数页面

（4）操作执行。元一裁剪系统的运动、暂停等操作是通过操作HMI执行的。YYC Cutter 与HMI之间通过RS-232通信技术交互数据。以下是HMI的主要操作页面，如图4-8所示。

4.4　元一软件功能介绍

4.4.1　主界面

自动裁床的主界面如图4-9所示。

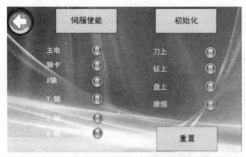

(a) 初始化操作页面

(b) 裁剪设定页面

(c) 开始裁剪页面

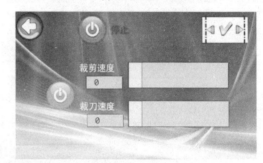

(d) 裁剪操作页面

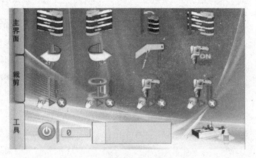

(e) 机械测试页面

图4-8　主操作页面

（1）菜单栏。包括主要的功能项目。

（2）功能项目栏。包括参数功能项目。

（3）文件信息栏。包括切割图形的总长度、总宽度，图形的款式和信息来源。

（4）图形界面。显示即时图形的形状和内容。

（5）简易功能键。一些常用简易的功能操作按钮。

指示灯错误代码对照：

A——亮红灯显示1=端子板没上电；

B——亮红灯显示1=急停按钮打开；

C——亮红灯：

　　　1——显示-1=急停状态

　　　2——显示23=X轴报警

　　　3——显示39=Y轴报警

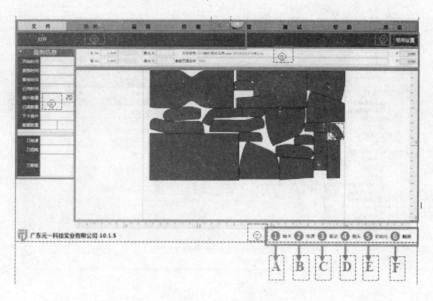

图4-9　主界面

　　4——显示71=C轴报警

　　5——显示135=A轴报警

　　6——显示263=超出X轴正极限

　　7——显示519=超出X轴负极限

　　8——显示1031=超出Y正极限

　　9——显示2055=超出Y负极限

D——亮红灯：

　　1——显示-1=急停状态

　　2——显示1=裁刀高位感应错误

　　3——显示2=刀盘高位感应错误

　　4——显示4=打孔高位感应错误

　　5——显示8=磨刀缩位感应错误

E——亮红灯：

　　1——显示-1=急停状态

　　2——显示1=急停状态

　　3——显示2=没初始化

　　4——显示4=正在初始化

　　5——显示10=防撞打开

F——亮红灯：

　　触屏通信有问题。

4.4.2　打开文件

　　进行打开文件操作，如图4-10所示。

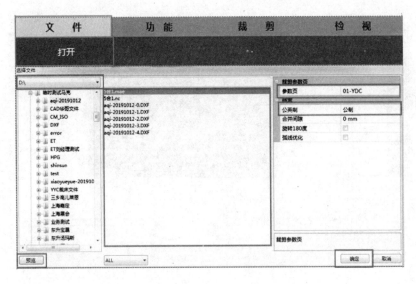

图4-10　打开界面操作

（1）点击文件功能按钮。

（2）点击打开按钮。

（3）选择存放文件的盘符。

（4）公英制选择。

（5）布料缩率。

①A、Y轴缩放。原始马克宽度：CAD图形马克显示宽度；调整后马克宽度：根据面料宽度，填写实际面料的幅宽。

②B、X轴缩放。原始马克长度：CAD图形马克显示长度；调整后马克长度：根据拉布面料长度，填写实际拉布面料的长度。

（6）选择参数页。

（7）预览图形名称。

（8）确定打开。

4.4.3　参数说明

4.4.3.1　裁剪参数

裁剪参数说明如图4-11所示。

（1）裁剪速度。设定裁剪图形时裁头行走速度。

（2）裁刀转速。设定裁剪图形时裁刀电动机转动速度。

（3）刀盘气压。设定裁剪时刀盘压面料的压力。

（4）提刀角度。设定转角提刀的角度。

（5）磨刀长度。设定切割图形多长距离执行磨刀动作。

（6）剪口深度。设定V形剪口的深度。

（7）剪口宽度。设定V形剪口的宽度。

（8）剪口模式。

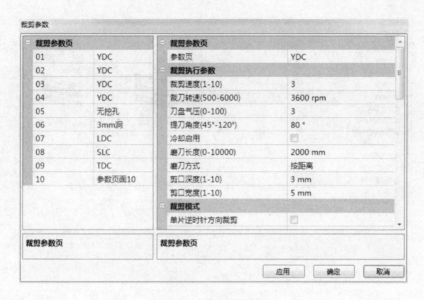

图4-11　裁剪参数界面

① 默认剪口。按CAD图形所默认的剪口进行裁剪。

② 内V形剪口。把默认CAD图形剪口改为内V形剪口。

③ 外V形剪口。把默认CAD图形剪口改为外V形剪口。

（9）过裁启用。启用后可以调整图像切割的过裁量。

① 对称裁过裁长度。设定图形对称裁时过裁量的长度。

② 下刀提前量。设定图形开始裁剪时提前下刀的长度。

③ 提刀提前量。设定图形结束裁剪时提前提刀的长度。

④ 下刀延迟量。设定图形开始裁剪时延迟下刀的长度。

⑤ 提刀延迟量。设定图形结束裁剪时延迟提刀的长度。

（10）钻启用。打开钻孔功能。

（11）裁剪边距启用。打开裁剪边距功能，以达到在裁片与裁片之间裁出来最优化的效果。

（12）参数页面内容。保存面料参数的名称。

（13）参数页面名称。保存页面的名称。

4.4.3.2　刀片设置

刀片设置如图4-12所示，刀颇面如图4-13所示。

（1）刀左侧。目前角度：目前磨刀角度值。

① 磨刀时间。设定磨刀时砂带停留时间。

② 移动角度。设定磨刀角度后移动到设定的角度位置。

③ 角度。设定磨刀正确角度。

④ 磨刀。进行磨刀动作。

⑤ 移动砂带。使砂带靠紧刀片。

（2）刀右侧。目前角度：目前磨刀角度值。

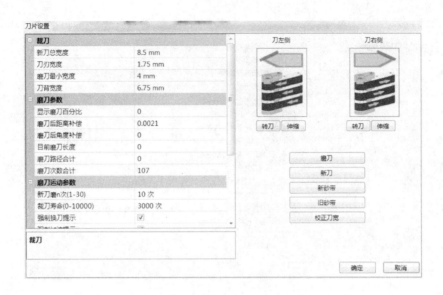

图4-12 刀片设置

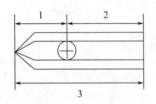

图4-13 刀颊面图

1—刀刃 2—刀背 3—刀宽

①磨刀时间。设定磨刀时砂带停留时间。

②移动角度。设定磨刀角度后移动到设定的角度位置。

③角度。设定磨刀正确角度。

④磨刀。进行磨刀动作。

⑤移动砂带。使砂带靠紧刀片。

4.4.3.3 机器补偿（此功能出厂已设定好，无须调整）

机器补偿设置如图4-13所示。

（1）校正极限。设置最大裁窗的有效裁剪范围。

（2）校正光标。设置十字光标和刀的定位值，点击校正，裁头会在目前的位置下L形刀，然后激光灯移到刚才下刀的位置，查看激光灯的中心位置是否对正刚才下刀的刀刃交叉中心部位，如果没对正用手动把激光灯的中心位置移到

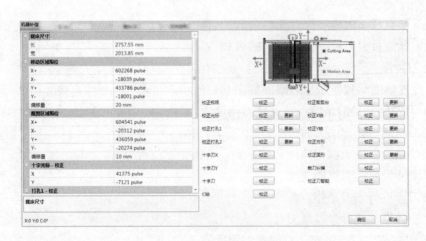

图4-13 机器补偿设置

刀刃交叉中心部位的位置，然后点击更新完成校正光标动作。

（3）校正打孔1。设置打孔1和十字光标的定位值，点击校正打孔1，裁头会在目前的位置下打孔一次，然后激光灯移到刚才打孔的位置，查看激光灯的中心位置是否对正刚才打孔的中心部位，如果没对正用手动把激光灯的中心位置移到打孔中心部位，然后点更新完成校正打孔1动作。

（4）校正打孔2。设置打孔2和十字光标的定位值，点击校正打孔1，裁头会在目前的位置下打孔一次，然后激光灯移到刚才打孔的位置，查看激光灯的中心位置是否对正刚才打孔的中心部位，如果没对正用手动把激光灯的中心位置移到打孔中心部位，然后点更新完成校正打孔2动作。

（5）十字刀X。检查X轴方向的刀刃是否能对上。

（6）十字刀Y。检查Y轴方向的刀刃是否能对上。

（7）十字刀。同时检查X轴、Y轴方向的刀刃是否能对上。

（8）C轴。此功能已作废，请勿使用。

（9）校正裁剪台。设置裁剪台与过窗的尺寸距离，在裁剪台的左边边上贴一个胶纸做记号，在与裁剪台交界处框体边上也各贴一胶纸做记号，裁剪台与框体的记号必须平行。点校正；裁剪台会行走1m，停止后测量记号实际行走是否有1m；再更新输入实际尺寸。

（10）校正X轴。检查X轴行走距离：

① 在鬃毛床上放一张白纸，覆盖薄膜，打开真空；把裁头移到放白纸的上方（尽量在右下角）。

② 在十字光标处做个记号，然后按校正。

③ 裁头会由右往左移动500mm，然后用卷尺量一下横梁运动的是否有500mm；如果是，则无须理会直接退出；如果不是，则在实际长度中输入实际行走的尺寸，然后点击更新。

（11）校正Y轴。检查Y轴行走距离：

① 在鬃毛床上放一张白纸，覆盖薄膜，打开真空；把裁头移到放白纸的上方（尽量在右上角）。

② 在十字光标处做个记号，然后按校正。

③ 裁头会由上往下移动500mm，然后用卷尺量一下横梁运动的是否有500mm；如果是，则无须理会直接退出；如果不是，则在实际长度中输入实际行走的尺寸，然后点击更新。

（12）校正正方形。此功能已作废，请勿使用。

（13）校正圆形。此功能已作废，请勿使用。

（14）裁刀纠偏。此功能已作废，请勿使用。

（15）校正刀智能。点击校正，刀智能会自动纠正数值；前提是刀智能硬件要正常。

4.4.3.4　常用设置

机器常用设置如图4-14所示。

（1）禁用裁头跟随。开启后，过窗时裁头将不跟随鬃毛床移动。

（2）模拟裁剪启用。启用模拟裁剪后，当前裁片将不下刀进行模拟运转。

（3）分窗长度启用。开启后，可以设定分窗的长度。

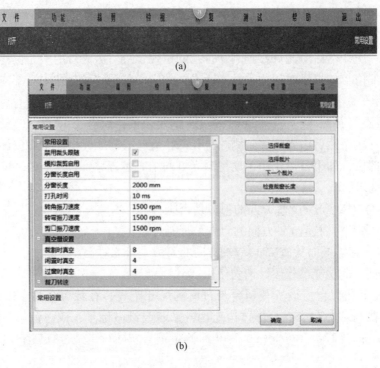

图4-14　常用设置

（4）分窗长度。设定分窗的尺寸。

（5）打孔时间。设定打孔1打孔停留时间。

（6）转角振刀速度。内部测试用。

（7）转弯振刀速度。内部测试用。

（8）剪口振刀速度。内部测试用。

（9）裁割时真空。设置正常裁剪时真空负压值。

（10）闲置时真空。此功能已作废，请勿使用。

（11）过窗时真空。设置过窗时真空负压值。

（12）选择裁窗。选择需要操作的窗口编号。

（13）选择裁片。选择需要裁剪的裁片编号。

（14）下一个裁片。跳选不需要裁剪的裁片编号。

（15）检查裁窗长度。在裁到最后一窗时，检查最后一窗长度是否足够。

第5章

自动裁床的整机调试和检验

5.1 外观质量

（1）机器外观。表面不可有脱漆、掉漆、刮花、变形等较严重现象。

（2）机器整体颜色。颜色整体一致，不能有明显色差。

（3）框体。不能有变形，四角不能有高低不平现象。

（4）框体内。不能有杂物、线头、螺丝、铁屑以及油污等；不能出现高低不平现象。

（5）五金件。电镀层不能有生锈、起泡、脱层等现象。

（6）外壳。试装与机器吻合，不能有错位、间隙；颜色符合色板要求，无明显色差。

（7）机器清洁干净，无残留灰尘、999蜡、黑色胶黏物、铁屑等物质。

（8）控制按钮和按键不可松动。

（9）显示屏清晰，表面不能划痕。

（10）丝印LOGO标识清晰正确，且与客户要求一致。

5.2 表面处理

零件表面处理主要包括电镀、烤漆、阳极氧化、发黑及抛光。

5.2.1 电镀

5.2.1.1 表面分区

表面分区说明见表5-1。

表5-1 表面分区

区域	特性	范 围	重要程度
A面	主要外露面	指产品的正面，即产品安装后最容易看到的部位	极重要
B面	次要外露面	指产品的侧面、向下外露面、边位、角位、接合位、内弯曲位	重要
C面	不易看到的面	指产品安装后的隐藏位、遮盖位	一般重要

5.2.1.2　检验要求

检验要求见表5-2。

表5-2　检验要求

项　目	要　求
色泽	电镀颜色与色板一致
脱皮	镀层不能有脱落现象
起泡	镀层不能有起泡现象
脏污	产品表面不能有手印、药水及其他脏污现象
变形	制品加工处理后，其基体及孔位不能有变形现象
斑点	产品表面不能有明显的凹凸点及异色点（如麻点、亮点、氧化点）
擦花、刮花、划伤、碰伤	产品表面无明显擦花、刮花、划伤、碰伤现象
水印	产品表面不能有明显的水渍、水印
黑印、白印	产品表面不能有明显的异色斑迹（如黑印或白印）
漏镀	产品表面不允许有镀层未镀上的情况，露底或生锈
尺寸	各控制尺寸符合产品标准规定
膜厚	镀层厚度符合产品标准规定
耐腐蚀	镀层、漆膜的防腐能力达到规定要求，耐盐雾测试≥24h
附着力	电镀层、油漆与基体结合牢固，百格测试合格
六价铬	六价铬含量低于1000mg/kg
高温高湿	产品经高温高湿储存测试，无外观异常，表面无超泡、破损、脱色、氧化、腐蚀等现象
硬度	油漆硬度达到产品标准规定
包装	按客户指定的方式或本公司要求进行包装和标识

5.2.2　烤漆

5.2.2.1　相关检测项目及验收标准

相关检测项目及验收标准见表5-3。

表5-3　检测项目及验收标准

序号	检测项目	检测设备	测试方法	抽样标准	判定依据
1	外观	目视	直接目视	AQL	—
2	尺寸	卡尺、卷尺	直接测量	5件/批	依据图纸
3	色差测试	目视	对比色板，直接目视（目视有色差时，应使用色差仪检测判定）	2件/批	目视无明显色差
		色差仪	使用色差仪取色板值，再与实物测量对比	2件/批	烤漆（金属漆）色差：$\Delta E^*ab \leq 1.0$

续表

序号	检测项目	检测设备	测试方法	抽样标准	判定依据
4	漆膜厚度	涂层测厚仪	使用涂层测厚仪先校准,再直接在产品上取点测量,取点为门板A级面四角20cm×20cm范围内及中间位置共5个点	2件/批	烤漆:30~50μm
5	百格测试	百格刀	使用百格刀划出1mm间隔,深及底材;使用毛刷清理残屑;再使用3M测试胶带粘贴,手压合确保完全贴合,再垂直拉起;确认漆层掉落程度	1次/月	产品漆层百格试验后满足ISO 1级(切口交叉处允许少许薄片分离,但划格区域受影响面积不大于5%)
6	硬度测试	2H铅笔、直尺	用2H或以上铅笔,与漆面呈45°角,施加压力750g,沿直尺向前推动10~15cm,30s后检查涂层表面;依据GB/T 6739—2006《色漆 清漆 铅笔法测定漆膜硬度》	1次/批	漆膜表面硬度≥2H,擦拭后检查涂层表面,表面不允许出现划痕
7	盐雾测试	盐雾试验机	参照ISO 7253 盐雾实验,试验溶液是将氯化钠溶解于符合GB/T 6682—2008三级水中配制,浓度:(50±5)g/L;温度:(35±2)℃	1次/月	连续盐雾48h,无锈迹、涂层脱落现象
8	酒精测试	工业酒精	用棉纱浸泡在浓度为95%以上的酒精内,以9.81N(1kgf)的力对漆面来回2s,一次擦拭50次(若用天那水测试时可为30次),不允许有掉漆或变色现象	1件/批	不允许出现掉漆或变色现象

5.2.2.2 烤漆外观缺陷允收标准

烤漆外观缺陷允收标准见表5-4。

表5-4 烤漆外观缺陷允收标准

序号	缺点项目	A级面允收标准	B级面允收标准	C级面允收标准
1	流漆	不允许	不允许	不影响装配允许
2	堆漆	不允许	不允许	不影响装配允许
3	异色	不允许	不允许	不影响性能允许
4	颗粒	允许φ0.3mm以下(不密集)不限点数;允许φ0.3~0.5mm5点(相互间隔20mm以上);0.5mm以上不允许	每平方允许φ0.5mm以下不限点数;φ1.0~2.0mm5点(相互间隔20mm以上);φ2.0~4.0mm3点	不影响装配允许
5	溢漆	不允许	轻微允许	允许
6	气泡	不允许	不允许	不影响功能性允许
7	针眼	不允许	允许3点以下(相互间隔20mm以上)	允许
8	橘皮	不允许	不允许	不影响装配允许
9	刮、划伤	不允许	无手感宽≤0.50mm,长≤10cm允许3条(相互间隔30.0mm以上)或宽0.50~1.0mm,长≤20.0mm允许1条	无手感允许(刮、划伤总面积占总区域需≤10%)等,影响装配不允许

序号	缺点项目	A级面允收标准	B级面允收标准	C级面允收标准
10	喷点	不允许	不允许	不影响装配允许
11	脱皮、露底	不允许	不允许	不影响功能性允许
12	变形	不允许	不允许	不影响装配及功能性允许
13	脏污	不允许	不允许	无明显易去除的脏污,油污不明显且无呈水滴状
14	氧化(生锈)	不允许	不允许	不允许

5.2.3 阳极氧化

5.2.3.1 外观

阳极氧化的外观应均匀、平整,不允许有色差、皱纹、裂纹、气泡、流痕、夹杂、发黏和漆膜脱落等缺陷。

5.2.3.2 表面粗糙度

表面粗糙度应达到设计要求值。

5.2.3.3 阳极氧化厚度

阳极氧化膜厚度≥6.0μm。

5.2.3.4 漆膜附着性

漆膜的干附着性、湿附着性和沸水附着性均应达到0级。

5.2.4 发黑

5.2.4.1 外观要求

(1)外观呈蓝黑色或深黑色,色泽应均匀,无明显色差(白斑、发花)、发白、发红、偏蓝色等异常现象。

(2)膜层结晶致密、均匀,产品无露底。

(3)不允许有未发黑的斑点、沉淀物。

5.2.4.2 试验要求

(1)表面应具有良好的致密度,经过致密度试验。

(2)表面应具有良好的耐摩擦性能,经过耐摩擦试验,不得出现脱色或露底现象。

(3)表面应具有一定的防腐蚀性能,经过抗防腐试验,不得出现腐蚀斑点或锈蚀斑点现象。

5.2.4.3 环保性要求

产品发黑后要求:无毒、无异味、环保。(发黑剂不得含有硒化物、亚硝酸盐、铬等有毒化合物)。

5.2.5　抛光

5.2.5.1　镜面检验

（1）镜光表面粗糙度要求 $\overset{0.4}{\bigtriangledown}$ 以上。

（2）产品轮廓线型流畅，表面光亮、无白雾、无异色，呈镜面；无塌边、塌角、波浪纹现象。

（3）面与面之间接合部位过渡光滑，无明显的分界。

（4）表面不允许有发黄、发黑或生锈的现象。

（5）表面无划痕、刮擦伤、斑点、针孔、麻点、手指印、油污、水渍印等缺陷。

（6）表面无砂孔、砂眼、磕碰伤。

（7）工件焊接处经抛光后，正面无砂孔、虚焊、发黄、不平、裂纹、变形。

（8）四周R、C角过度圆滑，无手感接线痕，且目视不明显。

（9）产品抛光后各个面清洁，无抛光残留物。

5.2.5.2　拉丝检验

（1）拉丝表面粗糙度要求 $\overset{0.8}{\bigtriangledown}$ 以上。

（2）产品轮廓线型流畅；无塌边、塌角、波浪纹现象。

（3）面与面之间接合部位过度光滑，无粗糙度的分界。

（4）表面不允许有变形、发黄、发黑及生锈的现象。

（5）表面无划痕、刮擦伤、斑点。

（6）表面无砂孔、砂眼、磕碰伤。

（7）抛光表面纹路一致，无纹路交错现象。

（8）产品抛光后各个面清洁，无抛光残留物。

（9）四周R、C角过渡圆滑，无手感接线痕，且目视不明显。

5.3　性能测试

5.3.1　设备启、停状态测试

设备启、停状态测试见表5-5。对设备各个按钮多次触发按动，观察每次均能否正常启动或停止。

表5-5　测试要求

序号	测试要求
1	开机后AC380V电压
2	开机后AC220V电压
3	启动后DC24V电压
4	开机后机器是否有漏电

续表

序号	测试要求
5	断电后AC380V是否有余电
6	断电后AC220V是否有余电
7	断电后DC24V是否有余电
8	断电后机器是否有漏电
9	通电启动后触屏指示灯是否亮灯
10	通电启动初始化后裁床软件是否亮绿灯
11	通电后用铁感应极限开关是否亮
12	通电后用铁感应极限开关是否亮
13	通电启动后按急停按钮是否起作用

5.3.2 调试运行

检查机器各项功能是否运行正常。

5.3.3 耐久性能

机器需经过3天运行测试，运行正常，方能出货。

5.3.4 端口功能测试

端口功能测试见表5-6，用内部检测软件和YYC-CUT软件检查各个I/O端口，看通过I/O端口是否能够连接上各控制按钮或开关，并且能够操作设备进行测试。如测试结果符合产品说明，即为正常。

表5-6 端口功能测试

项目	要求
端口能否正常接通	开启软件，接通正常
软件连接端子板	开启软件，接通正常
软件能否正常使用	开启软件，使用正常
真空是否正常	开启真空最高达到-20kPa
防撞保护是否正常	手触碰防撞杆，机器是否立即停止
急停保护是否正常	手按四个任一急停，机器是否立即停止
+X感应是否正常	推动横梁，靠近感应灯，感应灯是否亮？ YYC软件+X轴指示灯是否亮？
-X感应是否正常	推动横梁，靠近感应灯，感应灯是否亮？ YYC软件-X轴指示灯是否亮？
X原点感应是否正常	推动横梁，靠近感应灯，感应灯是否亮？ YYC软件X轴原点指示灯是否亮？

续表

项目	要求
+Y感应是否正常	推动裁头，靠近感应灯，感应灯是否亮？ YYC软件+Y轴指示灯是否亮？
–Y感应是否正常	推动裁头，靠近感应灯，感应灯是否亮？ YYC软件–Y轴指示灯是否亮？
Y原点感应是否正常	推动裁头，靠近感应灯，感应灯是否亮？ YYC软件Y轴原点指示灯是否亮？
C原点感应是否正常	转动刀盘靠近感应灯，感应灯是否亮？ YYC软件C轴原点指示灯是否亮？
刀上下感应是否正常	在触屏上，手动按刀上下图标，刀上下感应灯是否亮？ YYC软件刀上下指示灯是否亮？
打孔上下感应是否正常	在触屏上，手动按打孔上下图标，打孔上下感应灯是否亮？ YYC软件打孔上下指示灯是否亮？
刀盘上感应是否正常	正常启动后，刀盘上感应灯是否亮？
磨刀伸缩感应是否正常	在触屏上，手动按磨刀伸缩图标，磨刀伸缩感应灯是否亮？ YYC软件磨刀伸缩指示灯是否亮？

5.4 电动机运行性能

5.4.1 电动机运行性能检测

5.4.1.1 X轴电动机运行性能检测

调试过程中，观察X轴电动机运行状况，正常运行，无异响或失效。

5.4.1.2 Y轴电动机运行性能检测

调试过程中，观察Y轴电动机运行状况，正常运行，无异响或失效。

5.4.1.3 C轴电动机运行性能检测

调试过程中，观察C轴电动机运行状况，正常运行，无异响或失效。

5.4.1.4 A轴电动机运行性能检测

调试过程中，观察A轴电动机运行状况，正常运行，无异响或失效。

5.4.1.5 磨刀电动机运行性能检测

调试过程中，观察磨刀电动机运行状况，正常运行，无异响或失效。

5.4.1.6 打孔电动机运行性能检测

调试过程中，观察打孔电动机运行状况，正常运行，无异响或失效。

5.4.1.7 真空电动机运行性能检测

调试过程中，观察真空电动机运行状况，正常运行，无异响或失效。

5.4.1.8 裁台行走电动机运行性能检测

调试过程中，观察裁台行走电动机运行状况，正常运行，无异响或失效。

5.4.1.9 收料行走电动机运行性能检测

调试过程中，观察收料行走电动机运行状况，正常运行，无异响或失效。

5.4.1.10 地轨行走电动机运行性能检测

调试过程中，观察地轨行走电动机运行状况，正常运行，无异响或失效。

5.4.2 通电测试

（1）机器行走正常。
（2）机器信号正常。
（3）伺服参数正确。
（4）I/O接口对应正确。

5.5 装配性能

各个汽缸运动状态是否正常，检查刀上位和刀下位的位置是否正常，见表5-7。

表5-7 装配性能

项目	要求
检查X轴两边尺寸是否一致	将横梁推向任一端，测量两端到防撞的尺寸是否一样
刀上下汽缸	调整气管轴杆升到最长或缩回最短，汽缸轴杆在移动过程中没有冲撞感
刀盘上下汽缸	调整气管轴杆升到最长或缩回最短，汽缸轴杆在移动过程中没有冲撞感
打孔上下汽缸	调整气管轴杆升到最长或缩回最短，汽缸轴杆在移动过程中没有冲撞感
磨刀伸缩汽缸	调整气管轴杆升到最长或缩回最短，汽缸轴杆在移动过程中没有冲撞感
横梁端二次覆盖汽缸	调整气管轴杆升到最长或缩回最短，汽缸轴杆在移动过程中没有冲撞感
收料台端二次覆盖汽缸	调整气管轴杆升到最长或缩回最短，汽缸轴杆在移动过程中没有冲撞感
裁刀在上升到最高处防振胶位置	砂带底端与刀锋之间间隙5mm
裁刀在降到最高处防振胶位置	刀锋与鬃毛砖表面之间间隙1mm
检查刀在下时与鬃毛床的平均接触面	把裁头分别移到裁窗平均分布的5个点，检查刀在下降时接触面是否在1mm

（1）试裁布。裁片两边需对称，第一层和最后一层误差≤1mm。
（2）噪声。噪声测试（噪声≤75dB）。

5.6 软件控制检查

根据调试步骤检查裁窗有效裁剪区域、下刀原点位置、打孔位置和机器行走位置尺寸等，见表5-8。

表5-8 软件控制检查

项目	检查要求
最大裁剪有效范围	检查裁窗最大区域是否在出厂公差范围
裁刀与十字光标位置	检查十字光标中心位置是否在下刀点中心
裁刀与打孔位置	检查十字光标中心位置是否在打孔点中心
磨刀角度	检查两边的磨刀角度是否准确
裁刀角度	检查裁刀的角度是否准确
X轴行走尺寸	检查X轴行走尺寸是否准确
Y轴行走尺寸	检查Y轴行走尺寸是否准确
正方形切割	切割一个正方形，检查四边尺寸是否正常
鬃毛床行走	检查鬃毛床行走尺寸是否准确
鬃毛床与收料台同步	检查鬃毛床与收料台行走速度是否同步
检查十字刀	打十字刀，检查上下左右刀尖是否能对上

5.7 电气安全要求

电气安全要求如下：

（1）急停装置。裁床应在方便操作且醒目的位置安装急停装置。按下急停按键，裁床应停止运行；在急停装置复位前，通过其他启动装置应不能启动裁床。急停装置的颜色为红色。

（2）安全防护罩。裁床传动部分应有防护罩。

（3）安全警示标志。裁床安全警示标志必须齐全，粘贴在明显规定位置处。

5.7.1 保护连接

（1）产品的所有外露可导电部分都应连接到保护连接电路上。

（2）产品的电源引入端连接外部保护导线的端子应使用 $\bot$ 或PE标识，外部保护导线的最小截面要求应符合表5-9的规定。

表5-9 外部保护导线的最小截面要求

设备供电相线的截面积S/mm²	外部保护导线的最小截面积S_p/mm²
$S \leqslant 16$	S
$16 < S \leqslant 35$	16
$S > 35$	$S/2$

（3）所有保护导线应进行端子连接，且一个端子只能连接一根保护线。每个保护导线接点都应有标记，符号为 $\bot$ 或PE（符号优先），保护导线应采用黄/绿双色导线，且应采用铜导线。

（4）应保证保护连接电路的连续性符合GB/T 24342—2009的要求，保护总接地端子PE到各测点间的实测电压降不应超过表5-10所规定的值。

表5-10　保护总接地端子PE到各测点间的实测电压降

被测保护导线支路最小有效裁面积/mm²	最大的实测电压降（对应测试电流为10A的值）/ V
1.0	3.3
1.5	2.6
2.5	1.9
4.0	1.4

注　被测保护导线支路最小有效截面积小于1.0mm²时，最大的实测电压降（对应测试电流为10A的值）不大于3.3V。

（5）禁止开关电器件接入保护连接电路。

5.7.2　绝缘电阻

在交流供电输入端和保护连接电路间施加DC500V时，测得的绝缘电阻不应小于1MΩ。

5.7.3　耐电压强度

产品的交流电源输入端与PE端之间应能经受交流1kV（50Hz）、持续5s的耐压试验（工作在或低于PELV电压的电路除外），并无电击穿或闪络现象。

5.8　裁床技术参数和配置

5.8.1　系列裁床基本参数

系列裁床参数见表5-11。

表5-11　系列裁床参数

裁床系列	V6	V8E	V9S
裁床型号	1625/2025	2020/2025/2225	2020/2025
工作宽度/m	1.6/2.0	2.0/2.2	2.0
裁剪窗口长度/m	2.0 /2.5	2.0/2.5	2.0/2.5
拣料传送长度/m	2.0/2.5	2.0/2.5	2.0/2.5
最大切割高度/mm	60（真空压缩后）	80（真空压缩后）	90（真空压缩后）
最大速度/（m/min）	100	100	100
最大加速度	1.5g	1.5g	1.5g

续表

最大转速 /（r/min）	6000	4500	6000
平均产量（视情况而定）/（m/min）	12	12	12
最大刀头加速度 /（m/s）	2.5	2.5	2.5
裁台重量/kg	4300	3000	4300
裁床高度/mm	2169	2169	2169
刀智能	选配	—	标配
电源			
主电源	5P 380V/50Hz /25kW/100A（含18kW或22kW真空装置）		
控制电源	3P 200V~240V /单相/50Hz /16A		
裁台真空	380/440V，3相，50/60Hz，30A		
平均耗电	3相5线系统17~20kW		
压缩空气	180L/min @600~800kPa		
操作环境			
最高相对湿度/ %	43		
最高温度/℃	80（无冷凝）		
真空系统	海拔760m以下		

5.8.2 机器配置

机器配置见表5-12。

表5-12 机器配置

序号	机器配置
1	软件加密狗：标准配置
2	计算机：标准配置
3	砂带：标准配置50条，砂带规格型号统一
4	刀片：标准配置20把
5	打孔纸：标准配置1卷
6	薄膜：标准配置1卷
7	设密期数：根据客户合同要求
8	元一转换软件：根据实际客户需求配置
9	打孔装置：根据客户合同需求
10	天轨：根据客户合同需求
11	地轨：根据客户合同需求
12	电线：根据客户合同需求
13	气管：根据客户合同需求

序号	机器配置
14	冷却装置：根据客户合同需求
15	其他配置：严格按客户合同要求

5.9　包装资料及防护

5.9.1　包装资料

检查设备出厂型号、编号、附件、资料、软件等内容，与合同和产品说明一致为正常。

（1）装箱清单：1份。

（2）出货配件清单：1份。

① 出货配件需齐全。

② 外壳、刀片、砂带、天轨、地轨、吊夹、工具箱和纸箱内出货配件核对清楚，不能少件、漏件。

（3）外壳型号与机器配对，丝印LOGO标识清晰，符合客户要求。

① 机器操作说明书：1份。

② 设备保养资料：1份。

③ 验收单：1份。

④ 出厂检验报告：1份。

⑤ 合格证：1份。

⑥ 铭牌：1个。

a.根据生产指令单要求和作业指导书进行激光打标。

b.铭牌打标内容正确，按图纸要求尺寸安装在机器上。

c.贴箱唛：唛头与指令单、出货通知书相对应。

5.9.2　包装防护

（1）先采用气泡袋或珍珠棉包好电器件，防止碰伤。

（2）用纸板、气泡袋等缠绕膜缠绕机器四周多层，防止碰撞。

（3）出货配件采用胶袋加纸箱。

（4）拆装组件或零件用气泡袋包好，依次有序放入木箱内。

（5）机头需包装好，不能外露，木箱盖住，不能有晃动。

（6）盖防雨罩，不能有机器外露。

（7）钉木箱，四边四角需钉铁钉。

（8）木箱油印易碎，防晒，淋雨，向上等防护标志。

（9）出口机器木箱需熏蒸处理。

复习思考题

1.裁床检验分为哪几部分？
2.如何检验外观质量？
3.通电的四大步骤是什么？
4.电气安全要求是什么？

第6章

自动裁床的操作与维护

6.1 安全警示

自动裁床安全警示说明如下：

（1）下面的符号表示程序必须严格遵守，以防机器对人体发生意外或永久性伤害身体。警告符号如图6-1所示。

（2）下面的符号表示程序必须严格遵守，以避免机器严重损坏。公告符号如图6-2所示。

（3）下面的符号表示杂项信息或引用建议。信息建议符号如图6-3所示。

图6-1　警告符号　　　　　图6-2　公告符号　　　　　图6-3　信息建议

6.2 机械结构

6.2.1 一般说明（以V9S系列为例）

YYC cut©V9系列自动裁床由横梁、裁头、横梁操作面板、鬃毛床、收料台、二次覆盖装置、控制箱构成，如图6-4~图6-6所示。

6.2.2 技术规格

自动裁床的相关技术参数如下：

（1）最大切割高度：90mm（真空压缩后）。

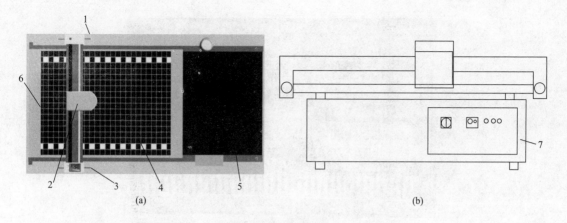

图6-4　自动裁床构成

1—横梁　2—裁头　3—横梁操作面板　4—鬃毛床　5—收料台　6—二次覆盖装置　7—控制箱

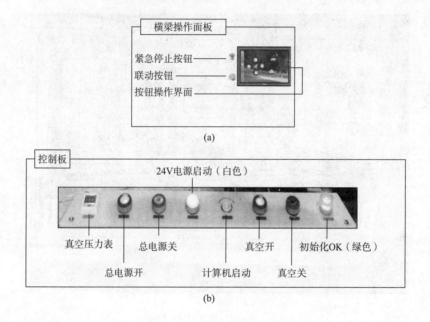

图6-5　控制面板和操作板

（2）切割速度（最大）：20m/min。

（3）运动速度（最大）：90m/min。

（4）电气要求：三相380V 50Hz+/–10%。

（5）平均供电25kW。

（6）压缩空气：consumption 180L/min. 8 BAR。

（7）噪声≤75dB。

（8）操作系统：Windows 7、Windows 10。

（9）无线或有线连接与客户的局域网。

（10）切割多层最多的面料最高8.5cm（注：压缩后高度，取决于实际使用面料而定）。

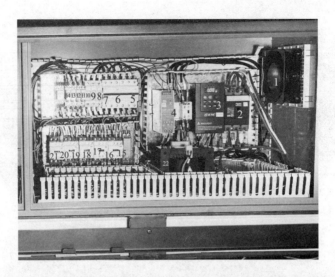

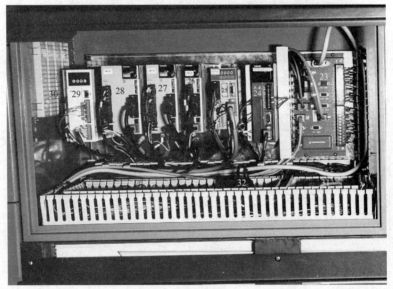

图6-6 电器系统

1—控制箱风扇 2—机器总电源开关 3—收料台变频器 4（GS1）—24V开关电源 5（QF3）—机器移动开关
6（QF2）—鬃毛床开关 7（FU3）—隔离变压器+保险 8（FU2）—隔离变压器-保险 9（FU1）—24V开关电源保险
10（KA5）—鬃毛床反转控制继电器 11（KA4）—鬃毛床正转控制继电器 12（KA3）—真空转换控制继电器
13（KA2）—真空启动控制继电器 14（KA1）—急停继电器 15—主电源交流接触器 16—机器移动前行
17—机器移动后行 18—鬃毛床前进 19—鬃毛床后退 20—启动电源交流接触器 21—真空有源隔离 22—隔离变压器
23—端子板 24—打孔驱动器 25—磨刀伺服驱动器 26—C轴伺服驱动器 27—Y轴伺服驱动器 28—X轴伺服驱动器
29—A轴伺服驱动器 30—控制箱风扇 31—真空滤波器 32—扩展模块

（11）工作温度：+10℃~+40℃。

（12）湿度：30%~80%。

6.2.3 型号说明

机型示意图如图6-7所示。

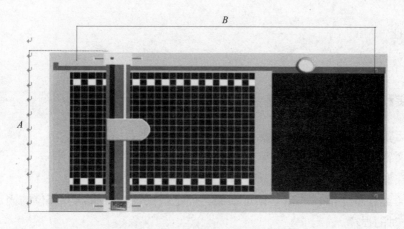

图6-7 机型示意图

自动裁床V9S、V6、V8E系列的最大宽度和最大长度见表6-1~表6-3。

表6-1 V9S系列

V9S系列	200×200	200×250	160×200	160×250
最大宽度（A）/m	2	2	1.6	1.6
最大长度（B）/m	2	2.5	2	2.5

表6-2 V6系列

V6系列	160×200	160×250	200×200	200×250
最大宽度（A）/m	1.6	1.6	2	2
最大长度（B）/m	2	2.5	2	2.5

表6-3 V8E系列

V8E系列	160×200	160×250	200×200	200×250
最大宽度（A）/m	1.6	1.6	2	2
最大长度（B）/m	2	2.5	2	2.5

6.3 安装

6.3.1 安装和搬运

（1）运输自动裁剪机，必须要有能承载8t的叉车或者吊车装置。

（2）通常运输情况下，机器为整机运输，加一个配件箱。

（3）在搬运的过程中，要注意整体机器偏重部位。

（4）搬运设备之前，一定要锁定横梁，锁定裁头，检查机器各部位的固定是为了避免机器移动时的损坏。

（5）警告：搬运设备之前，一定要锁定横梁，锁定裁头，检查机器各部位的固定是为了避免机器移动时的损坏。

6.3.2 所需空间

（1）检查工厂有足够的空间，以正确的方式来安装机器。

（2）机器周围要留有足够的空间，让裁床能在安全的区域自由移动。以保证设备的安全正常运行。

（3）警告：机器周围要留有足够的空间，让裁床能在安全的区域自由移动。以保证设备的安全正常运行。

6.3.3 定位

（1）自动裁床必须放置在一个能承重8000kg的安全地板上。

（2）定位前，必须检查地板是否能够承受自动裁剪机的重量。

（3）警告：定位前，必须检查地板是否能够承受自动裁剪机的重量。

6.3.4 电气连接

（1）工厂连接机器的电路，必需按照国家现行用电规定执行。

（2）必须为机器提供合适的电力供应，采用符合用电规定的频率、电压和技术参数。

（3）工厂380V电路必须安装30kV·A的稳压器。

（4）本机必需连接到装有PE（地线）的供电电源上，如图6-8所示。

（5）警告：本机必需连接到装有PE（地线）的供电电源。

6.3.5 气动连接

（1）本机必须连接到一个压缩空气系统，以确保均衡压力在800kPa（8巴）、180NL/min。

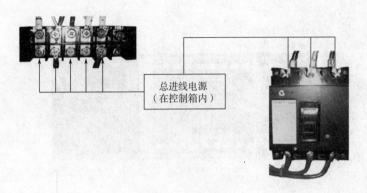

图6-8 电气接入

（2）空气压缩气管路后面必须加装干燥机和油水分离器，以保证气管中没有油和水，如图6-9所示。

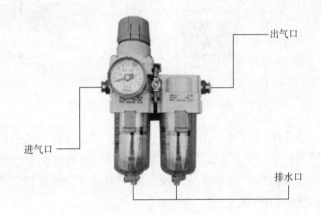

图6-9 三油水分离器

（3）推荐 ϕ10mm×6mm的空气管。

6.4 安全装置

6.4.1 紧急安全和防护

如图6-10所示，在计算机操作台、操作面板、收料台操作面板上均有紧急停止按钮或状态指示灯；此外在床身还有两个防撞安全开关，位于横梁两侧。在对人有危险的情况下，按下红色紧急按钮；要恢复紧急设备中断，必须先找到并解决紧急停止的原因；机器的正常运作，必须是所有的人和物在安全情况下进行。

机器操作员的这一侧装有1个红色的紧急按钮，在对面的横梁上有1个红色的紧急按钮、收料台按钮面板两端各有1个红色的紧急按钮。还有2个防撞装置位于横梁上操作者端和对面端防撞安全开关位于横梁上操作者端和对面端。

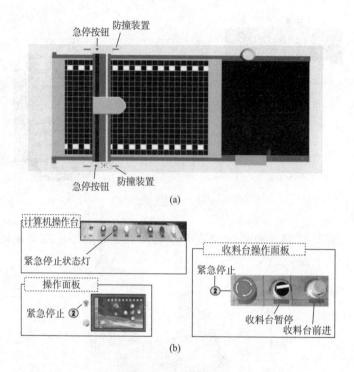

图6-10 紧急安全和防护示意图

警告：在对人有危险的情况下，按下红色紧急按钮；要恢复紧急设备中断，必须先找到并解决紧急的原因；机器的正常运作，必须是所有的人和物在安全情况下进行。

在机器的正常操作过程中，只需按下液晶触摸屏终端操作按钮"暂停"，机器会暂停在当前状态下，如图6-11所示。

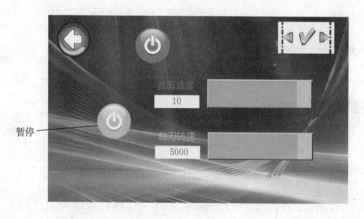

图6-11 暂停状态

警告：
（1）当机器在暂停时，不要接近机器的运动部件位置。
（2）如果有必要靠拢的运动部件，请先按下紧急按钮。
（3）机器停止危险的情况下，不要使用"暂停"设备。
（4）在对人有危险的情况下，使用紧急按钮。

6.5　操作

6.5.1　启动前检查

（1）检查总气压表是否为0.8MPa。

（2）检查导轨、机头是否需要清理、是否需要上润滑油。

（3）每天振动刀方形滑块清理、上耐高温润滑油。

（4）裁刀宽度测量。

（5）检查裁床周边是否有障碍物。

（6）检查急停开关是否全部关闭。

6.5.2　启动

开始启动操作如图6-12所示。

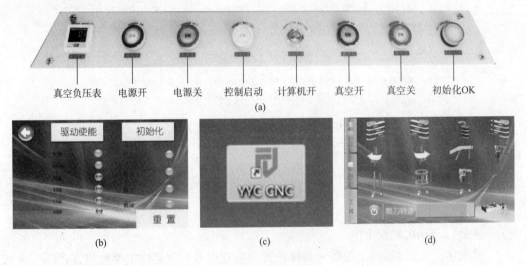

图6-12　启动操作

（1）开启裁床总电源。

（2）打开操作台上的"电源开"。

（3）打开计算机主机电源和显示器。

（4）双击桌面图标YYC cut，打开裁床控制软件。

（5）在计算机操作台上按"控制启动"按钮。

（6）在横梁上的触屏上，按"驱动使能"按钮，然后按"初始化"，机器将进行机械原点归零。

（7）初始化动作完成后，初始化绿灯会点亮。

（8）打开触屏上工具，对相关部件进行控制测试，落刀/抬刀、刀电动机开/关、电动机开/关、磨刀等。

警告：如果电源关，红灯灭，这意味着某个应急装置被激活（见第4章），机器不能正常启动。须检查所有紧急设备，并将有问题的紧急归位（电源关，红灯将打开）。

6.5.3　打开YYC Cutter软件

打开软件界面如图6-13所示。

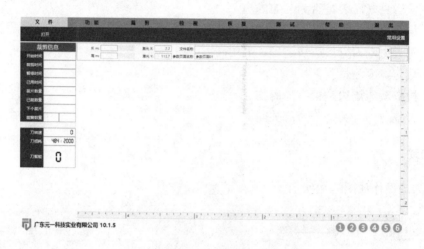

图6-13　软件界面

❶—轴卡指示灯　❷—急停指示灯　❸—驱动指示灯　❹—裁头汽缸感应指示灯
❺—初始化完成指示灯　❻—触屏指示灯

解释：❶ 显示1，表示计算机主机板卡与端子板连接异常。

❷ 显示1，表示没上电或者急停触发。

❸ 显示-1，表示急停触发。

显示1，表示X轴没上电。

显示2，表示Y轴没上电。

显示4，表示C轴没上电。

显示16，表示X轴驱动报警，具体报警内容要查看控制箱内的驱动错误代码。

显示32，表示Y轴驱动报警，具体报警内容要查看控制箱内的驱动错误代码。

显示64，表示C轴驱动报警，具体报警内容要查看控制箱内的驱动错误代码。

显示128，表示A轴驱动报警，具体报警内容要查看控制箱内的驱动错误代码。

显示256，表示X轴超出正极限。

显示512，表示X轴超出负极限。

显示1024，表示Y轴超出正极限。

显示2048，表示Y轴超出负极限。

❹ 显示-1，表示急停触发。

显示1，表示裁刀高位感应错误。

显示2，表示刀盘高位感应错误。

显示4，表示打孔高位感应错误。

显示8，表示磨刀缩位感应错误。

❺ 显示-1，表示急停触发。

显示1，表示急停状态。

显示2，表示没有初始化。

显示4，表示正在初始化。

显示8、9或10，表示防撞打开。

❻ 亮红灯表示跟触屏链接有问题。

6.5.4 操作面板

操作面板如图6-14所示。

（1）开机后，除X轴、Y轴、C轴、A轴指示灯亮红色以外，其他灯都是绿色为正常。

（2）如果其他灯有亮红灯，必须把故障排除后，亮绿灯才能进行下一步动作。

（3）按驱动使能，全部指示灯都亮绿灯。

（4）按初始化，机器将进行归零动作。初始化时，裁头将移至X=0和Y=0的位置。

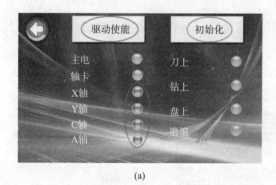
(a)

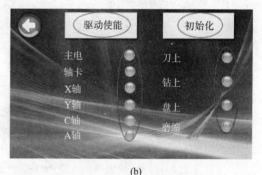
(b)

图6-14 操作面板

注意：

（1）初始化时裁头将移至X=0和Y=0的位置。

（2）出于安全原因，为联动按钮符号，有部分功能必须配合此按钮同时进行操作。

6.5.5 送布进裁窗

送布进裁窗如图6-15所示。

（1）打开拉布台板吹气开关，拉布台板在吹气的情况下，将面料送入裁窗有效裁剪区域内（距离裁窗后板50cm左右）。

（2）用右手压住面料的中间位，左手按鬃毛床前进按钮，将面料输送到裁床十字光标原点附近后放开鬃毛床前进按钮，停止面料的输送。

（3）送面料进裁窗同时注意调整它的X轴尽可能平行于鬃毛砖的白色线条。

（4）在送完面料进裁窗后，要用薄膜将整个裁窗的表面都用薄膜覆盖住。注意：压缩层厚度不得超过机器的允许。

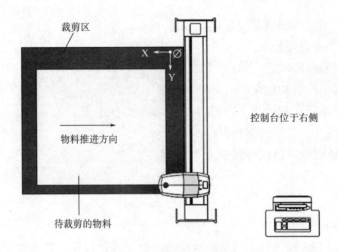

图6-15 送布进裁窗定位

6.5.6　打开马克

打开马克如图6-16所示。

（1）打开文件。打开马克文件夹，打开浏览窗口，选择要裁割的文件名称并打开（图6-12）。

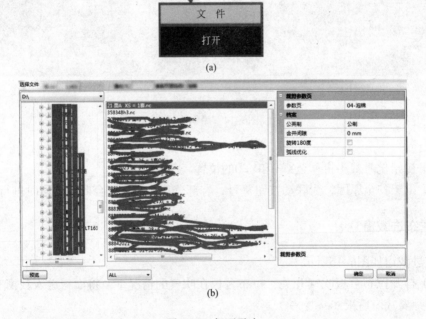

图6-16 打开马克

（2）选择文件存放盘。

（3）如需公英制转换，请选择公制或英制。

（4）选择裁剪文件的格式，通用型为"All"。

（5）选择切割参数页面。

（6）调出排料图后，点击"预览"查看排料图长度宽度，并与加工单和面料进行对比确认。

（7）确认打开图形正确后点击"确定"。

（8）选择文件，点击预览；只需要输入需要缩小的长度和宽度即可，如图6-17所示。

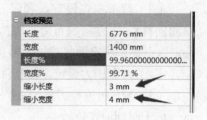

图6-17 档案预览

6.5.7 准备工作

打开设定裁剪马克范围如图6-18所示，并进行页面设置。

6.5.7.1 打开设定裁剪马克范围设定

（1）在YYC Cutter界面中选择图层设置，对裁剪图形进行裁剪速度、提刀角度等裁剪参数进行设置。

（2）在控制面板中的裁剪设置项目中，对裁剪过程中的真空压力、刀转速度和裁剪速度进行设置，一般情况下，在裁剪过程中使用8级吸力、4000转刀转速和5级裁剪速度。

图6-18 参数设置定界面

① 针织面料（30~100层，视实际面料而定）：真空压力6~8挡，过窗真空1~2挡，裁剪速度5~8挡，裁刀转速3800~4800r/min。

② 机织面料（30~70层，视实际面料而定）：真空压力6~8挡，过窗真空1~2挡，裁剪速度3~6挡，裁刀转速3800~4800r/min。

③ 牛仔面料（20~50层，视实际面料而定）：真空压力7~9挡，过窗真空1~3挡，裁剪速度1~4挡，裁刀转速3800~4800r/min。

④ 衬面料（30~100层，视实际面料而定）：真空压力6~7挡，过窗真空1~2挡，裁剪速度8~10挡，裁刀转速2800~3300r/min。

⑤ 图层、不透气面料（20~50层，视实际面料而定）：真空压力7~8挡，过窗真空1~3

挡，裁剪速度4~6挡，裁刀转速3000~4500r/min。

注：以上只是参考值，实际情况需根据现场面料、厚度，裁片接受要求而调整。

（3）裁剪原点设定。利用方向键进行裁剪原点的设定，手动移动⬆⬇⬅➡方向键，检测面料X、Y方向的布边，确认布料是否有未对齐现象。确认好后，在操作面板上点击定原点键，确定面料起始裁剪位置。

（4）刀盘压力设定。在软件中设定裁剪时刀盘压力值（1~6）。

（5）Y方向边检，检测Y方向是否对齐，在Y轴控制区域，检查完毕，按下↘键回原点，机头回到原点位置。

（6）有效边检，在原点的状态点击布料边检，裁头会自动在裁窗内，根据马克的图形宽度和有效长度进行边检一次，以观察设置是否正确。边检完后裁头自动回到原点。

6.5.7.2　开始裁剪

完成以上所有工作后，按联动按钮+点击人机界面裁剪按钮，对面料进行裁剪。定马克裁剪范围必须在真空电动机开启的状态下进行。

6.5.7.3　注意事项

（1）在裁剪过程中注意观察裁剪情况，如果有面料带起现象，及时点击操作盘上的暂停裁剪按钮，将面料整理平整后，继续裁剪。

（2）在裁剪过程中注意负压表气压是否处于-12.0以上，如果压力小于-12.0，需要及时检查是否有漏气现象，并对漏气部分进行再覆盖。

（3）裁剪过程中遇到断刀异常现象时，及时按下急停按钮⏻，待问题处理过后，继续裁剪。

（4）裁剪过程中遇到突然停电，在恢复来电后按恢复；进行断电前的恢复，然后继续断电前的裁片裁剪。

6.5.7.4　换窗

（1）在裁剪的过程中，如果排料图比较长，需要换窗的，在裁窗的第一窗时，将塑料薄膜拉出约1m左右待自动换床时使用，并将收料台🔘 🔘 🔘和鬃毛床🔘设为联动。

（2）当裁剪裁完一窗时，裁头会自动在裁窗的左下角下刀作为下一窗原点的标记点，然后在横梁操作盘按换窗按钮，鬃毛床、裁头和收料台会运动至裁剪原点处。

（3）将激光灯移动至下刀标记位置，对准过窗记号定位；然后继续按按钮裁剪。

6.5.7.5　收料

在第一窗裁剪完成的裁片送至收料台后，分包人员必须尽快将裁片拿走，保证下一窗换窗前，不会将裁剪好的裁片掉在地上。

6.5.7.6　裁剪结束

（1）当图形全部裁剪完后，将裁头移至图形后面空余的位置，按切割薄膜按钮，将薄膜废料切断。

（2）用手动过窗按钮将剩余裁片送到收料台上拿走。

（3）将裁头移至裁窗有效区域，关闭计算机、显示器，断掉电源总开关，结束本次操作。

6.5.8 裁剪界面说明

裁剪界面及说明如图6-19、图6-20所示。

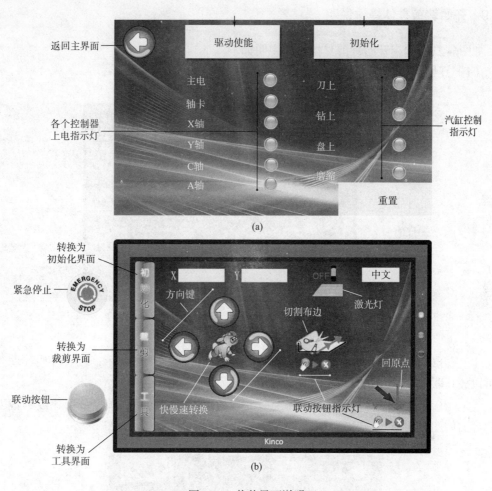

图6-19 裁剪界面说明

图6-20 裁剪界面

（1）按 ⏵⊙ 和 👕 按钮，裁头进行边检动作。

（2）如果模拟没问题的情况下，按 ⏵⊙ 和 👕⼃ 开始执行裁剪。

6.5.9　开始裁剪具体操作说明

如图6-21所示，开始裁剪具体操作说明如下。

（1）开始切割图形（按联动按钮+裁剪图标）。

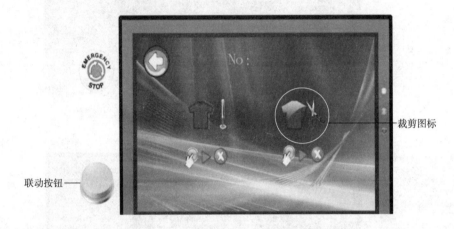

图6-21　裁剪图标

（2）开始裁剪动作时，按住联动按钮 ⏵⊙，然后按裁剪图标 👕⼃；裁头开始移动时，就可以放开联动按钮和裁剪图标；机器就开始执行裁剪动作。

（3）在裁剪的过程中，有可能需要改变裁剪速度和刀转速，改变裁剪速度和裁刀转速，界面如图6-22所示。

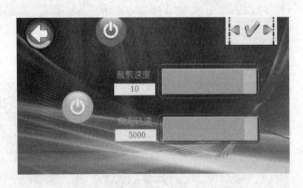

图6-22　裁剪速度和裁刀转速

① 要改变裁剪速度，点击裁剪速度条，向右滑动加快裁剪速度，向左滑动降低裁剪速度。

② 要改变裁刀转速，点击裁刀转速条，向右滑动加快裁刀转速，向左滑动降低裁刀转速。

在任何时候，都可以按暂停键 ⏻ 或横梁侧的防撞杆，使机器暂停。要恢复机器正常运转，按❂继续和横梁侧防撞杆复位即可。

6.5.10　切割薄膜具体操作说明

如图6-23所示，进行薄膜切割操作，当机器已经完成后，把进料端连接的薄膜切断，说明如下：

（1）当机器完成裁片切割动作以后，要把进料端连接的薄膜切断，按联动按钮+切割薄膜按钮，裁头将进料端连接的薄膜切断，以方便过窗收料。

图6-23　薄膜切割操作示意图

（2）要把裁剪完成的物品输送到捡片桌上，需在鬃毛床的按钮盒按下面料输送按钮。面料传送时必须保证：

① 鬃毛床的按钮盒的选择开关联动按钮是打开的状态。

② 收料台操作面板的暂停是关闭的。出于安全原因，带有符号按钮❂▶❂，必须配合"联动按钮"同时使用，机器才会有动作。

注意：出于安全原因，带有符号按钮，必须配合联动按钮同时使用机器才会有动作。

6.5.11　主机体移动过床装置（选配装置）

主机体移动的过程中，要确定机器旁边没有任何人或障碍物；移动主机体时要非常小心，避免撞坏主机体与裁板之间的一些部位，如图6-24所示。

（1）把安全按钮拔起（图6-25）。按"▲"机器向前移动或按"▼"机器向后移动。

（2）移动完成后按下安全按钮，以断掉移动装置电源。

移动机器时：蜂鸣器会响起，并有黄灯闪烁；以确保周边是安全范围。

注意：必须保证机器周围是安全无障碍物的情况下才能移动机器！

6.5.12　关机动作

如图6-26所示，进行关机操作，具体说明如下。

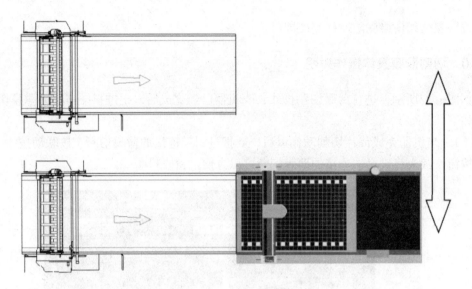

图6-24 主体机示意图

图6-25 安全按钮装置

图6-26 操作箱开关

（1）在YYC Cutter软件上点击退出。

（2）关闭计算机。

（3）在计算机台操作板上按电源关按钮，使机器电源断开。

（4）在控制箱上关掉总开关，如图6-27所示。

6.6 人机触屏功能

人机触屏如图6-27所示，相应的界面功能说明如下。

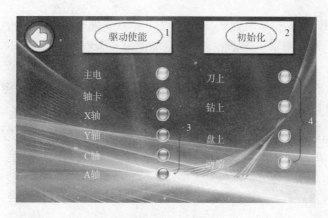

图6-27 人机触屏

6.6.1 初始化界面

初始化界面如图6-28所示。

图6-28 初始化界面

（1）启动。开机时伺服使能开启；机器在启动之前，伺服电动机可以用手随时转动，按启动伺服电动机锁死。电源打开后按启动按钮。

（2）初始化。机器做归零动作；在主电、轴卡、X轴、Y轴、C轴、A轴、刀上、盘上指示灯亮绿色时，按初始化，机器做归零动作。

（3）各感应灯指示。各感应灯全部亮绿色为正常，亮红色表示有个感应尚未激活。

6.6.2 主界面

主界面如图6-29所示。

（1）回原点 ↘。回到要设定图形的原点位置；如何实现：按联动按钮+回原点图标。

（2）切割薄膜 ✂。手动将薄膜横向切断。如何实现：按联动按钮+切割薄膜图标。

（3）联动按钮指示灯 ☞▶●。待机时指示灯 ☞▶● 为红色，有效时指示灯 ☞▶● 为绿色。如何实现：按一下联动按钮，指示灯 ⬤▶⬤ 变换为绿色，松开手即返回红色 ⬤▶⬤。

（4）语言开关。中英文转换。如何实现：直接按一下中文按钮，界面会转换成英文。

（5）激光灯开关 ⬤。打开激光灯。如何实现：按一下激光灯开关图标 ⬤，激光灯打开。再按一下激光灯开关图标 ⬤，激光灯关闭。

（6）快慢速转换。兔子为快速，乌龟为慢速。如何实现：按一下兔子图标 🐰，转换为乌龟（慢速）；此时上下左右方向键为慢速移动；按一下乌龟图标 🐢，转换为兔子（快速）；此时上下左右方向键为快速移动。

（7）方向键 ⬆⬇⬅➡。按此图标，裁头将向所按的方向进行移动。如何实现：按住方向键 ⬆⬇⬅➡，裁头向所按住的方向移动，放开方向键，裁头即停止移动。

图6-29　主界面

6.6.3　裁剪界面（显示绿底，其他页面显示灰底）

裁剪界面如图6-30所示。

（1）设定原点 ⬜。给要进行裁剪的图形指定开始下刀的位置值。如何实现：将激光灯移动到图形开始下刀切割的位置，然后按设定原点 ⬜。

（2）激光灯开关 ⬤。打开激光灯。如何实现：按一下激光灯开关图标 ⬤，激光灯打开。再按一下激光灯开关图标 ⬤，激光灯关闭。

（3）快慢速转换。兔子为快速，乌龟为慢速。如何实现：按一下兔子图标 🐰，转换为乌龟（慢速）；此时上下左右方向键为慢速移动；按一下乌龟图标 🐢，转换为兔子（快速）；此时上下左右方向键为快速移动。

（4）方向键 ⬆⬇⬅➡。按此图标裁头将向所按的方向进行移动。如何实现：按住方向键 ⬆⬇⬅➡，裁头向所按住的方向移动，放开方向键，裁头即停止移动。

（5）裁剪设置。点击后打开正在裁剪状态的界面。

（6）回原点 ⬜。回到要设定图形的原点位置。如何实现：按联动按钮+回原点图标。

图6-30 裁剪界面

6.6.4 设定马克原点后界面

设定马克主界面如图6-31所示。

（1）模拟裁剪路径👕|。主要作用于边检图形。如何实现：在设定完文件的原点后，进行裁剪之前，按联动按钮+模拟裁剪路径图标👕|，裁头将进行一次马克图形有效范围的边检动作。

（2）开始裁剪。开始执行图形或单个裁片的裁剪动作。如何实现：设定完整张图形或单个裁片的原点后，按联动按钮+开始裁剪图标按钮；机器将执行裁剪动作。

（3）裁片编号。显示当时图形中的裁片号码。

注意：凡带有图标👆▶✖，必须配合联动按钮才能有动作。

图6-31 设定马克主界面

6.6.5 正在裁剪界面

正在裁剪界面如图6-32所示。

（1）停止⏻。终止正在裁剪的动作使裁剪停止；当前设定的原点位置清除，要重新设原点才能进行裁剪动作。如何实现：在裁剪过程中直接按停止图标⏻。

（2）暂停⏸。在裁剪过程中，使机器暂停动作；如要继续裁剪，再按一次，裁剪动作将继续进行。如何实现：在裁剪过程中按一下暂停按钮图标⏸，机器将暂停裁剪动作。

如要继续裁剪，再次按一下继续裁剪按钮图标▶，机器将继续执行裁剪动作。

（3）过窗界面✓。按此按钮，界面调到过窗时状态界面。

（4）裁剪速度。在裁剪时修改裁割的行走速度。如何实现：在裁剪过程中，滑动滑动条来改变裁剪速度的快慢。

（5）裁刀转速。在裁剪时修改裁割的裁刀的转速。如何实现：在裁剪过程中，滑动滑动条来改变裁刀转速的快慢。

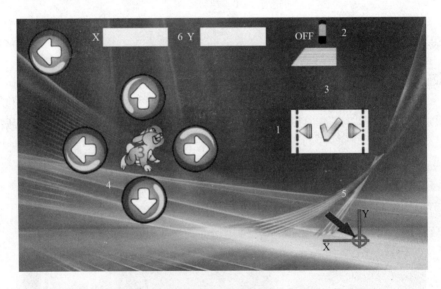

图6-32 裁剪界面

6.6.6 过窗时界面

（1）过窗后继续✓。裁完一个裁窗后进行过窗，然后裁下一个窗口；按此按钮将执行下一窗的裁剪动作。如何实现：裁剪裁完一个窗口后，裁头执行标记动作，然后鬃毛床过窗；过完窗后停在裁头标记过窗点位置，用激光灯移动到并对准标记点位置，然后设定原点，再按过窗后继续裁剪图标✓；裁剪将继续运行。

（2）激光灯开关⚏。打开激光灯。如何实现：按一下激光灯开关图标⚏，激光灯打开。再按一下激光灯开关图标⚏，激光灯关闭。

（3）快慢速转换🐰。兔子为快速，乌龟为慢速。如何实现：按一下兔子图标🐰，转换为乌龟（慢速）；此时上下左右方向键为慢速移动；按一下乌龟图标🐢，转换为兔子（快速）；此时上下左右方向键为快速移动；

（4）方向键🔵🔵🔵🔵。按此图标裁头将向所按的方向进行移动。如何实现：按住方向键🔵🔵🔵🔵，裁头向所按住的方向移动，放开方向键，裁头即停止移动。

（5）回原点🢔。回到要设定图形的原点位置。如何实现：按联动按钮+回原点图标。

（6）坐标位置显示。显示当前裁头的坐标位置。

6.6.7 工具界面（显示绿底，其他页面显示灰底）

工具界面如图6-33所示。

（1）振刀开关◉。打开振动刀电动机。如何实现：按一下振刀开关图标，图标◉转换成绿色；振动刀电动机打开。再按一下振刀开关图标，图标◉转换成红色，振动刀电动机关闭。

（2）钻开关🔧。打开钻电动机。如何实现：按一下钻开关图标，图标🔧转换成绿色；钻电动机打开。再按一下钻开关图标，图标🔧转换成红色，钻电动机关闭。

（3）振刀速度。用滑动条调整振刀的转动速度。如何实现：用滑动条调整振刀参数数值，然后开启振刀开关，振刀会根据调整的速度转动。注意：要有效改变参数值，必须在振刀关闭的状态下进行。

（4）输送带移动🤚。左右移动鬃毛床和收料台。如何实现：按输送带移动图标🤚，弹出输送带移动画面▦，然后用左右方向键移动鬃毛床和收料台的前进或者后退。

（5）裁刀上下‖。执行裁刀上下动作。如何实现：按一下联动按钮+裁刀向下图标‖，裁刀降下；再按一下联动按钮+裁刀向上图标‖，裁刀上升。

（6）钻上下🔧。钻上下动作。如何实现：按一下联动按钮+钻下图标，钻进行一次上下往复动作。

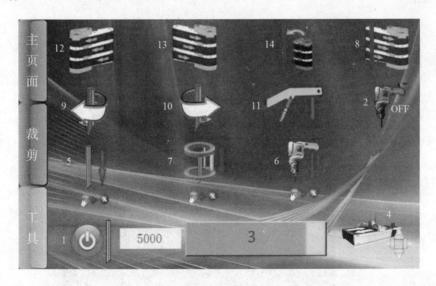

图6-33 工具界面

（7）刀盘上下🔧。刀盘和裁刀同时进行上下动作。如何实现：按一下联动按钮+刀盘向下图标🔧，裁刀和刀盘同时降下；此时单独按动联动按钮，刀盘会往上做上升动作；放开联动按钮，刀盘又降下来；但裁刀一直处于在下端的位置。再按一下联动按钮+刀盘向上图标，裁刀和刀盘会同时上升到上位。

（8）磨刀动作开关。进行磨刀动作。如何实现：按一下磨刀动作开关图标，会进行一次磨刀动作；磨刀动作的同时振刀电动机也同时打开，磨刀动作完成后振刀电动机也关闭。

（9）刀盘左旋转。刀盘向左旋转如何实现：按向左旋转方向键，刀盘向顺时针方向旋转。

（10）刀盘右旋转。刀盘向右旋转。如何实现：按向右旋转方向键，刀盘向逆时针方向旋转。

（11）二次覆盖。二次覆盖上下单动动作。如何实现：按二次覆盖向下图标，二次覆盖降下；再按一次二次覆盖向上图标，二次覆盖将回到上位。

（12）磨刀电动机正转。开启磨刀电动机顺时针运转。如何实现：按磨刀电动机正转图标，磨刀马达按顺时针方向运转，再按一次图标，磨刀电动机停止转动。

（13）磨刀电动机反转。开启磨刀电动机顺时针运转。如何实现：按磨刀电动机反转图标，磨刀电动机按逆时针方向运转，再按一次图标，磨刀电动机停止转动。

（14）磨刀砂带伸缩动作开关。进行磨刀砂带伸缩动作。如何实现：按一下磨刀砂带伸缩动作开关图标，图标转为亮色，磨刀砂带会往刀片靠，但磨刀电动机是关闭的；再按一下磨刀砂带伸缩动作开关图标，图标转为暗色，磨刀砂带返回正常准备状态。

6.7 维护

6.7.1 更换刀片（以V9S为例）

（1）拆卸刀片更换步骤如下：

①首先按下横梁操作面板上的紧急停止按钮，如图6-34所示。

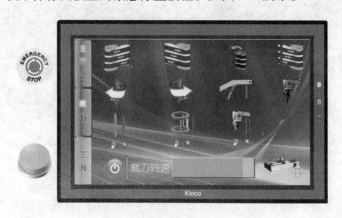

图6-34 按下紧急停止按钮

②用内六角扳手逆时针方向松开刀紧固螺丝，如图6-35所示。

③卸下刀片，如图6-36所示。要注意刀的锋利度。

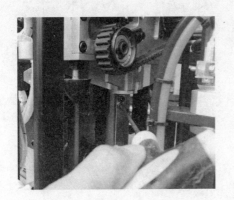

图6-35 松开刀紧固螺丝

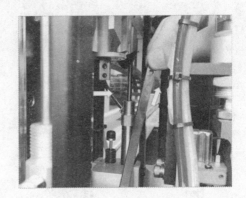

图6-36 卸下刀片

（2）安装刀片顺序如下：

①把刀从刀架中间位置由上往下放到刀路中。

②拧上2颗上刀螺丝。

③注意有长条的槽是刀背。

④在YYC Cutter软件上点击"参数—刀片设置"。如图6-37所示，进行刀片参数设置。

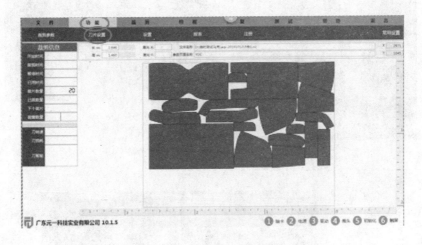

图6-37 刀片参数设置

⑤点击新刀，然后点击磨刀，将新刀磨5~10次。磨刀设置如图6-38所示。

6.7.2 更换钻针

更换钻针一定要在机器停止状态下或紧急按钮启动下进行，否则会造成人身安全。

（1）拧开夹紧钻头的夹头，然后往下抽出钻针，如图6-39所示。

（2）松开固定钻针的六角固定螺丝，如图6-40所示。

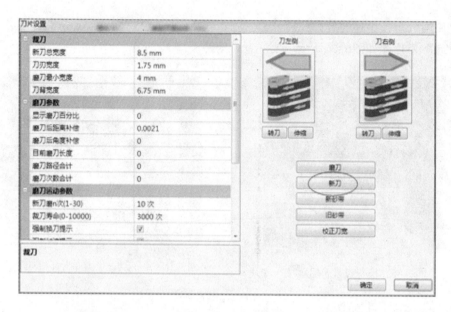

图6-38 磨刀设置

图6-39 松开夹头，抽钻针

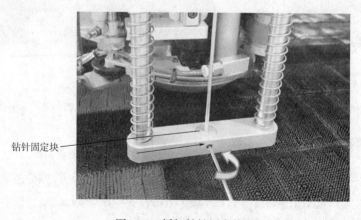

钻针固定块——

图6-40 拆卸钻针固定块

（3）拉出钻针固定块，拿一个螺丝刀或者内六角，由下往上顶固定铜套；将铜套顶出，如图6-41所示。

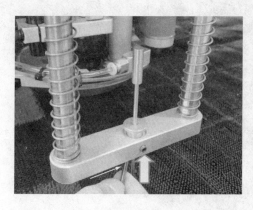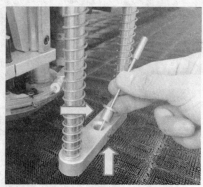

图6-41 拉出针块固定

警告：用过的钻针会很烫，一定要冷却后才能继续拆卸。

6.7.3 更换薄膜

更换薄膜一定要在无运转的状态下执行拆卸，以免造成对人身安全的危害。

安装和拆卸薄膜必须由两个人进行。

（1）松开制动带和拆卸薄膜轴，如图6-42所示，松开制动带和拆卸薄膜轴。

（2）将拆下的薄膜轴放到平整的地面，旋开固定锥形螺丝；拔出旧薄膜杆，更换新薄膜，如图6-43所示，拆卸锥形紧固螺丝。

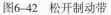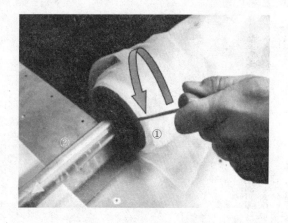

图6-42 松开制动带   图6-43 拆出锥形紧固螺丝

6.7.4 加润滑油

如图6-44所示，加润滑油。至少每72h要将X轴、Y轴导轨、裁头各运动轴位加油一次。将圈内的活动部位，用布滴上机油；每两三天抹一次；以保证活动部位顺滑。机器在停用一段时间后，必须将整台机器所有运动轴位加油一次。

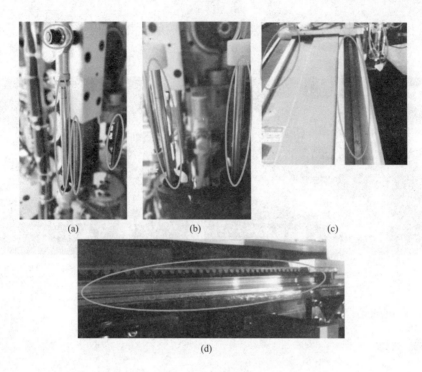

图6-44 加润滑油

6.7.5 真空过滤网清洁

真空过滤网清洁工作，一定要保证机器在停止状态下操作，以免造成人身安全的损伤。

（1）按下过滤网外盖安全栓，将外盖往外拉，如图6-45所示。

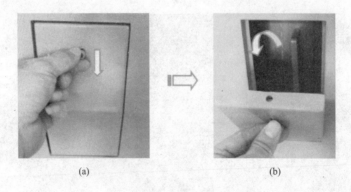

图6-45 外盖部安全栓

（2）将过滤网从框体拉出，用气枪将里面的垃圾清理干净，如图6-46所示。

6.7.6 更换砂带

更换砂带时，一定要按下急停按钮；以确保在安全范围执行；以免造成人身伤害。

（1）将砂带轮组尾端往里按，使砂带松出来。

（2）将松出来的砂带取出，如图6-47所示。

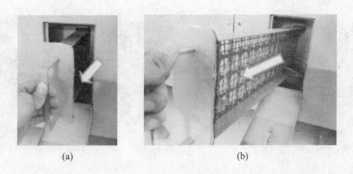

(a)　　　　　　　　　　(b)

图6-46　拉出过滤网

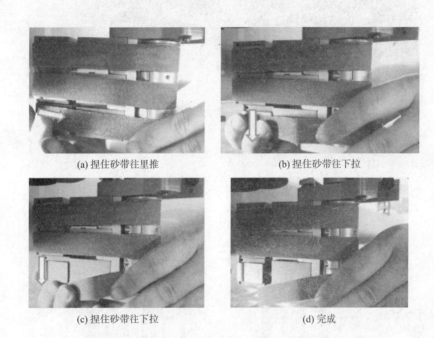

(a) 捏住砂带往里推　　　　　　　　(b) 捏住砂带往下拉

(c) 捏住砂带往下拉　　　　　　　　(d) 完成

图6-47　取出砂带

① 将砂带轮组尾端往里按。

② 将新砂带套上，如图6-48所示。

6.7.7　空气压力

一定要保证机器在停止状态下，执行空气压力检查和调节，以免造成人身伤害。

（1）定期检查空气气压始终处于6~8。

（2）如果空气压力低于6，必需拉开调压阀门，按顺时针方向调节，以增加空气压力，如图6-49所示。

（3）调整完成后，将调压阀往里按；锁住调压阀。

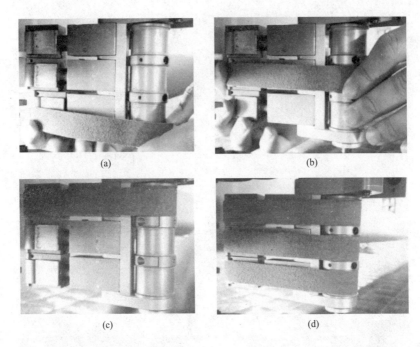

图6-48 装上砂带

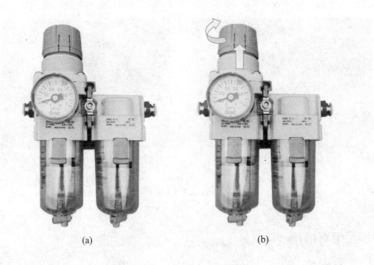

图6-49 空气总气压调节

6.7.8 安全装置检查

一定要在机器停止状态下执行操作，以免造成人身伤害；定期检查所有安全装置是否有效，如图6-50所示。

6.7.9 V9S振动头加油

一定要在确保安全的状态下执行操作，以免造成人身伤害。V9S振动头加油的具体步骤如下：

图6-50 安全装置检查

（1）把枪的头部从枪筒中转开，如图6-51所示。

（2）把活塞拉上顶端，如图6-52所示。

（3）在黄油桶内注满黄油并刮平，如图6-53所示。

图6-51 转开油枪头部　　图6-52 拉活塞至顶端　　图6-53 把黄油桶内注满黄油并刮平

（4）重新把枪头和枪筒旋上，如图6-54所示。

（5）把活塞移开卡口位后压紧黄油，如图6-55所示。

（6）摇动枪头手柄，使枪嘴有黄油出来，如图6-56所示。

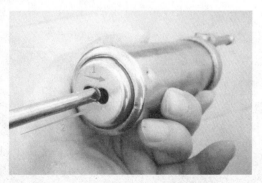

图6-54 重新把枪头和枪桶旋上　　图6-55 活塞移开卡口位后压紧黄油　　图6-56 操作黄油枪

（7）将黄油枪嘴对着振动头活塞的小孔，进行加油，如图6-57所示。

（8）注意事项。在加黄油时，一定要把刀电动机打开，并把速度调整到最慢时来开启刀电动机（480转速），如图6-58所示；然后再往活塞里面加黄油，这样才能使黄油充分地加到活塞里面去。加黄油时间：每使用48h后加。加油量：大约压5次。

图6-57　加油

图6-58　调整速度

6.7.10　磨刀感应器调整

6.7.10.1　V9S磨刀砂带正常状态

磨刀砂带正常状态，刀背铝壁旋转到最靠近砂带时；距离5~10mm；正常状态下汽缸下面的感应灯是亮的，如图6-59所示。

6.7.10.2　V9S磨刀砂带靠在刀片状态

磨刀砂带靠在刀片状态，靠住刀片状态下汽缸上面的感应灯是亮的，如图6-60所示。

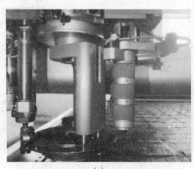
(a)

(b)

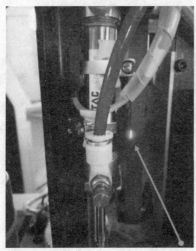

磨刀砂带在正常的状态下，钢丝绳两端距离
约65mm（V6系列约45mm）

磨刀砂带在正常的状态下，汽缸下感应灯必须是亮的

(c)　　　　　　　　　　　　　　　　　　(d)

图6-59　磨刀砂带正常状态

磨刀砂带在正常的状态下，汽缸上感应灯
必须是常亮的

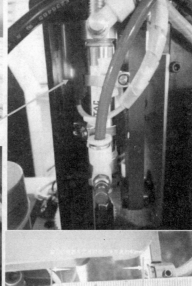

磨刀砂带在磨刀的状态下，钢丝绳两端距离
约40mm（V6系列约15mm）

如果发现灯不亮：
(1) 逆时针方向拧松感应灯扎紧螺丝；
(2) 把感应灯上下移动，直接到灯亮为止

图6-60　磨刀砂带停靠在刀片状态

6.8 保养

裁床维护保养项目要求见表6-4。

表6-4 裁床维护保养

周期	保养项目	说明	方法/用品
每天	检查气压表值	气压表是否在6~8kg以内	目测
	检查真空压力	开启真空，负压是否在18~20以内	目测
	清洁机器表面灰尘	使用抹布和气枪吹	抹布/气枪
	清洁X轴导轨灰尘	使用抹布和气枪吹	抹布/气枪
	清洁Y轴导轨灰尘	使用抹布和气枪吹	抹布/气枪
	清洁刀盘灰尘	使用抹布和气枪吹	抹布/气枪
	检查刀宽	检查刀是否到了该换的时候	目测
	清洁各汽缸灰尘	使用抹布和气枪吹	抹布/气枪
每周	清理鬃毛砖	清理鬃毛砖里面的布屑和断裂的鬃毛	气枪/镊子
	清洁刀盘内四方块灰尘	使用抹布和气枪吹	抹布/气枪
	清洁X轴、Y轴导轨并加油	使用抹布和气枪吹	抹布/气枪
	清洁真空过滤网	使用气枪吹	气枪
	裁头各传动部件确认	检查轴承和传动部件是否有松动	用手操作、目测、听声音
每月	电控箱内部灰尘清洁	用吸尘机吸净电控箱内部灰尘	吸尘器
	设备计算机主机清洁	使用气枪吹	气枪
	鬃毛床电动机链条清洁并加油	链条传动部位清洁、加黄油	黄油枪
	收料台电动机链条清洁并加油	链条传动部位清洁、加黄油	黄油枪
	振刀平带磨损检查	检查皮带松紧度和磨损情况	目测、手压
	真空泵皮带检查	检查皮带松紧度和磨损情况	目测、手压
	真空泵隔音箱内清扫	使用气枪吹	气枪
	裁头易损件确认	检查裁头易损件是否有磨损	用手操作、目测、听声音
每半年清洁鬃毛砖灰尘和机器腔体内灰尘		拆下整个鬃毛砖，用气枪和肥皂水清洗	气枪、吸尘器、肥皂水

复习思考题

1.简述裁床的机构构成。

2.启动裁床的步骤有哪些？

3.裁剪过程中需要什么？

4.裁床维护分为哪几部分？

第7章

自动裁床常见故障与维修

7.1 机头及Y导轨部分

机头及Y导轨部分的常见故障及维修见表7-1。

表7-1 机头及Y导轨部分的常见故障及维修

序号	故障现象	故障原因	解决方案
1	打孔噪声大	1.未正确安装打孔针或轴套 2.钻夹头与轴承轴配合不好 3.电动机轴承损坏或轴承与转子脱开 4.汽缸速度过快 5.打孔器蹭磨刀石	1.打孔针是否正确安装,在针头与钻套间加润滑油 2.查轴承轴与钻套安装是否正确,或有加工不同心 3.查碳刷是否用尽,是否正确安装,打孔电动机内部轴承与外壳是否有松动 4.调节打孔器汽缸速度 5.检查打孔器与磨刀石的位置,重新调整磨刀石的位置
2	打孔针脱落	1.打孔针未上紧,或打孔面料很厚或很硬 2.面料容易熔着,打孔时将打孔针黏牢	1.检查打孔针是断了还是整个脱落,若脱落,检查是否钻夹套未紧 2.及时清理打孔针上的黏着物
3	打孔器不打孔或无法下降	1.气管弹出 2.接线接头旋钮松动 3.传感器损坏 4.受到研磨装置的阻挡 5.汽缸调节阀松动 6.裁床软件设置为无打孔装置 7.打孔汽缸电磁阀损坏或相关线路及接头松动	1.检查气管连接是否完好或畅通 2.检查接线及汽缸调节阀旋钮是否拧紧 3.检查打孔汽缸传感器是否正常 4.检查打孔器下降是否受到研磨装置的影响 5.检查软件设置是否为钻孔电动机在运行中 6.将打孔电磁阀接头更换确认是否为电磁阀故障或线缆故障
4	连续打孔几次最后报警	1.传感器松动位置变化 2.传感器相关连线接头松动 3.面料过硬打孔针打不下去 4.气阀未调整好	1.检查打孔下传感器是否正常,在打孔下降位置,打孔下降传感器应当处于常亮状态 2.手动电磁阀,将打孔器处于下降位置,查看传感器是否常亮。如果没有,请用精密一字锥调节传感器位置 3.检查传感器相关连线接头情况
5	磨刀电动机不转	1.检查驱动是否报错 2.轴承损坏	1.把磨刀电动机信号线重新插拔 2.更换新的轴承

序号	故障现象	故障原因	解决方案
6	磨刀噪声大	1.轴承磨损 2.磨刀齿轮轴磨损 3.磨刀齿轮箱缺油	1.更换轴承 2.更换磨刀齿轮轴 3.在磨刀齿轮箱加润滑油脂
7	无研磨动作或研磨报警	1.研磨汽缸气压调节阀松动造成无气压或流量调节旋钮松动造成无流量 2.研磨汽缸传感器损坏，或传感器线路有问题 3.电磁阀损坏或电磁阀线路有问题	1.查看研磨汽缸压力和连接杆螺丝，并用手推动研磨装置是否活动正常 2.查看电磁阀接线和阀体正常 3.检查研磨汽缸传感器接线和传感器是否正常
8	磨刀效果不佳	1.砂带安装体磨损 2.砂带无砂粒 3.夹刀块磨损严重，使刀的位置在研磨时不稳定	1.更换磨损安装体 2.更换新砂带 3.更换夹刀固定块
9	断刀	1.刀使用得太窄 2.磨刀不佳 3.裁剪速度过快，并且溶着程度设得过低 4.面料过硬，层数过多 5.转换速度过快 6.刀没上紧	1.在刀具使用到小于5mm时，裁剪很硬的面料,裁剪速度没有改变时，容易出现断刀现象属正常 2.调整砂带与刀片接触面，保证磨刀效果垂直 3.重新调整砂带安装体的接触面，保证刀的锋利 4.裁剪速度和熔着程度相互搭配合适 5.减少层数或降低裁剪速度 6.若断刀在转弯处发生降低转换速度 7.检查确保装刀螺丝上紧
10	机头噪声大	1.机头罩未上紧，两对口处有缝隙 2.磨刀系统 3.打孔系统 4.C主轴 5.平衡装置 6.三叉连杆及偏心套磨损严重 7.刀位置与调整块、刀槽块、平磨轮位置不搭配 8.滑块太紧或固刀轴晃动 9.各个汽缸速度过快，上下有撞击声响 10.面料硬	1.检查噪声来源是否因罩位上紧，或磨刀噪声、打孔噪声，或平衡轮装置；滑块和拉杆 2.平衡轮噪声调整三叉连杆和偏心轮位置并检查相关轴承是否完好，一般为叉杆小连杆磨损 3.滑块中心与拉杆与偏心套的中心不在一条直线时，也会有很大噪声，此时易损坏滑块，同时滑块与滑套间隙过大时也会有噪声，并影响裁剪精度 4.刀盘上的长轴与刀具座上的线性轴承磨损严重时，造成刀盘在各个方向的晃动会产生很大噪声 5.确认各部位汽缸速度是否均匀及相关减振座是否起到了作用 6.若面料过硬引起的噪声，可适当减少层次或降低裁剪速度
11	刀盘抖动	1.裁剪面料过厚，或面料熔着严重，造成刀具阻力过大 2.压盘汽缸气压损坏或压力过小 3.刀具与平磨轮、凸磨轮、刀槽块摩擦过大配合不好 4.刀盘光杆与线性轴承间隙过大	1.检查压盘汽缸气压和气管是否正常 2.检查刀座线型轴承的磨损是否已经造成刀盘的晃动 3.检查压盘锁定汽缸及其装置是否正常可适当加大布料压盘的压力 4.检查裁剪面料是太厚或者面料已经熔着 5.检查刀具与刀槽块平凸磨轮的摩擦情况
12	Y导轨抖动	1.如果X轴皮带张得过紧或左右张力不均时，会出现此现象 2.单导轨机型轴承轮上油污过多，螺丝松动	1.检查线形导轨和线型轴承是否完好 2.检查左右撑板和X同步皮带是否松弛 3.M系列、齿轮与齿条之间间隙太大或磨损严重

续表

序号	故障现象	故障原因	解决方案
13	Y导轨噪声	1.Y导轨罩壳安装、与皮带或电动机发生碰擦 2.小链轮链条或Y导轨皮带、与外壳碰擦 3.伺服电动机安装的垂直位置与皮带轮和皮带的配合有误差，当机头靠近Y轴原点时，会出现伺服机构蜂鸣声	1.检查Y导轨罩壳安装是否与皮带或电动机发生碰擦 2.检查小链轮链条或Y导轨皮带是否与外壳碰擦 3.伺服电动机安装的垂直位置与皮带轮和皮带的配合有误差，当机头靠近Y轴原点时，会出现伺服机构蜂鸣声，解决方法是调整伺服电动机位置及皮带的安装位置

7.2 真空吸附部分

真空吸附部分常见故障及维修见表7-2。

表7-2 真空吸附部分常见故障及维修

序号	故障现象	故障原因	解决方案
1	真空电动机噪声大	1.风扇松动或罩壳变形 2.电动机轴承损坏 3.真空泵电动机风扇内有异物 4.皮带轮与轴之间间隙太大 5.电动机固定螺丝松动，减振座变形	1.检查真空泵电动机风扇是否松动或有异物掉入 2.将真空泵皮带取下，单独启动电动机是否有噪声，如果有噪声，可能是电动机轴承有损坏或后面的风扇松动或外壳有形变。如果装上皮带电动机发出噪声，要调节泵与电动机的平行度，另外在电动机的轴承位置加润滑油，如果都不能解决请更换电动机
2	真空吸附部分机架抖动	1.地脚螺钉未到位或减振座变形 2.皮带张得太紧 3.若设备放在楼上机架下若无大梁会有振动，若有大梁则会好些	1.检查地脚螺丝和真空泵座与真空泵的螺丝是否都到位拧紧，检查减振座是否有变形 2.检查泵与电动机的皮带张紧度，如果张得过紧会有抖动现象
3	真空泵噪声	1.真空箱有漏气 2.有异物被吸入泵内 3.真空泵风叶松动或轴承损坏 4.泵的固定螺丝有无松动 5.减振座变形	1.检查真空泵吸气或排气口是否有漏气 2.检查轴承、固定螺钉及减振座的状况
4	吸附力不足	1.机架或管路有漏气 2.前后风管不动作或叶片松动 3.变频器参数混乱 4.滤网未关好或未清扫	1.检查前后风管动作是否正常 2.检查真空泵箱是否有异物附着 3.检查变频器参数和旋转方向是否正确 4.检查机架和抽气管路中是否有漏气位置 5.检查滤网情况

第8章

自动裁床的发展与展望

8.1 概述

裁床从诞生到现在已经有50多年了，经历了简陋到完善、从机械到智能化，从高价到平价；经历了无数不断创新、改进和发展的路径，才使人们今天获得功能非常完善的自动裁床。但是科学技术的发展和创新永远没有止步，自动裁床设备将乘着科技发展的东风，永远走在前进的道路上，向着更远、更高的目标迈进。自动裁床系统的发展中，目前研究应用的主要方向归纳为新技术、新材料及新功能。新技术体现在对自动裁床的智能化、数字化、网络化等技术的应用发展。新材料是对自动裁床零部件方面的改进应用，给自动裁床带来的性能、功能上的提高。新功能是对自动裁床在高效率、高质量、省人力、省能源方面的发展。

8.2 裁床智能化、数字化、网络化进展

随着科学技术的发展及生活水平的提高，我国的缝纫业生产力发展水平逐渐上升，采用先进的裁剪生产设备成为必然选择，智能化、数字化、网络化的裁剪设备开始得到自动化生产的重视，并呈现一定的上升趋势。

服装作为传统服装行业的代表，一直沿着传统的生产模式轨道而发展，密集型劳动力、高强度作业、生产效率低等因素一直制约着服装行业的发展；随着服装科技技术的不断进步，越来越多的智能软件与自动服装设备的应用，不断促进整个服装行业的升级发展。

利用服装设备进行流水作业是当下服装行业的主流生产模式，而面对如今招工问题、成本问题及效率问题等，服装行业企业必须借助服装科技来武装自己，提高企业的核心竞争力，加快转变生产模式。服装科技的不断发展解决了服装行业的发展难题，不断助力企业生产效率高效化；新软件、新技术、新服装设备的革新，为服装行业大发展提供了强大的技术保障。服装应用型软件改变了服装行业设计、技术部门的作业方式，传统手工转换成为计算机数字化、智能化和网络化作业；二维款式设计软件改变了手绘设计模式，三维款式将沿着设计、成样、试衣、走秀的发展方式，颠覆整个服装行业传统模式；服装

CAD及工艺单的普及应用，提高了技术板房的作业效率，样板的设计、放码、排料、工艺单及样板管理，都利用智能化软件完成，结合输入、输出自动服装设备完成了高效率作业。

随着服装行业服装设备的深入研究与发展，越来越多的高效率、自动化、人性化服装设备代替了传统型服装设备应用，智能拉布与自动裁床改变了人工拉布、裁剪作业方式，效率飞速提升；绣花、印花、家纺服装设备的高速发展，也在不断改变服装行业现状。

生产走向数字化时代，智能化软件、自动化服装设备、新型技术、新材料应用，诸如3D技术、机器人作业、自动化技术应用这样的新工艺以及整套流水化、现代化、数字化解决方案；数字时代生产模式将颠覆传统，促进服装行业大力发展。智能化、数字化、自动化、人性化的新型技术与产品的不断进步，对于企业以及员工都有着绝对的价值体现，也前所未有地改变了传统服装行业的作业方式，提升了企业发展现代化进程步伐，服装行业转型升级真正迎来数字化时代生产模式。

采用互联网、大数据等新一代信息技术，实现了跨企业、跨行业、跨地区的网络协同制造以及利用人工智能技术实现智能产品的迭代升级、远程诊断和预测性维护等智能服务。

应用物联网技术、实时在线检测技术，实现加工设备、检测设备、物流设备的联网运行。

8.3　多领域应用功能的不断发展

自动裁床是一种有效提高缝前环节裁剪效率的设备，其相关技术近两年来有以下变化和提升。

8.3.1　个性化的解决方案

随着自动裁剪设备服务对象向多样化发展，解决方案正在呈现明显的差异化趋势。

针对人工成本态势的变化推出了全新的裁剪平台，该产品可在更短时间内生产出更多裁片，提高制造商的投资回报。自动裁床配备了直观易用的参考界面，仅需极低基本的培训即能使用，且不论操作者经验水平如何，都能保证裁片质量。

考虑到国内市场出现招工荒，"即学即用"可以极大地降低服装厂培养员工的成本，同时保证产品质量的稳定。裁床包含的"元一裁床编辑软件"软件包，使修改裁割数据工作变得非常简单，"元一裁床编辑软件"拥有强大功能，比如将直线间的板距删除、删除公共线、修改剪口、改变裁片的方向、慢裁、优化裁割路径等。裁床控制软件也同时提供靠近线慢裁、偏航裁割等功能，在极大限度保证裁割品质的前提下，提高裁割速度和效率。

8.3.2　真皮裁剪领域的突破

在真皮扫描及裁剪设备领域，真皮裁床可以用于大批量的皮革裁剪。采用激光技术，配置防尘组件和全封闭水冷却系统，优化裁剪，提高皮革利用率。

读皮机是专门用于读取真皮数据信息的设备，可实现15~20张/h的读皮速度。读皮机装配专用数码相机、高清晰投影系统及具有精确定位的红外感应系统，具有先进的验皮、皮料数据读取及排板功能，即记录皮料信息（形状、面积、入库信息、瑕疵）的同时，还可以将皮料上的瑕疵标注为不同等级，此外，读皮机附加的云计算功能可满足每日皮革裁剪量2500多张的排料要求。该产品具有以下特点：

（1）在云计算排板时，将皮料的利用率达到最大化。所有数据均在后台独立运算，无须人工干预。

（2）采用分布式排料算法，数台高速服务器同时运算，有效提高排板利用率及效率。

（3）数据库管理，支持数十台读皮机及数十台自动裁剪机的操作，满足大规模生产需求。

（4）支持不同的数据格式，可以接驳不同型号、不同厂家的真皮自动裁剪机。

真皮排料裁剪系统展现了一体化协作流程的效率和成果，帮助皮革企业从接收原料皮到交付最终产品等各环节实现无缝衔接，优化工艺，缩短交货期，减少浪费，将更多的原料皮信息直接纳入企业ERP系统之中。

8.3.3　能耗控制

裁床设备一直在向寿命更久、能耗更低、噪声更小的方向发展。元一用于大批量裁剪的数控裁剪机V–S系列，配备集尘装置，节约维护保养时间，提高设备及耗材使用寿命，用同步带传动替换链条传动，使噪声更小，寿命更长；机头采用L形布置，C轴主传动轴结构优化，使得设备更稳定；采用新型高效节能设计，降低设备噪声。在同性能情况下，降低功率，节约能耗。裁床裁割基本采取真空吸附物料的方式，越强劲的真空，在同样层数的物料下，物料吸附的压缩量就越大。在保证效率的同时，配备智能真空系统，该系统包含可变的频率驱动，该驱动与传感器和软件紧密整合，实时监测真空程度和需求，可节省20%能耗。

8.3.4　远程控制的管理运用

众所周知，目前最明显的变化即互联网科技对设备的升级。远程诊断系统，除自动检测系统状况，还可通过安全的互联网连接，让服务人员诊断系统，并采取措施以确保其处于最佳工作状态。在管理上，注重裁床的生产管理报告，裁床系统同步记录作业的详细情况，单击一次即可获得报告，该报告详述了总裁剪时间与闲置时间的比较、作业间隔时间、总裁剪数量和更多相关信息，并能提供一目了然的图表，可帮助管理者快速找出、理顺工作流程的方法，并将其作为智能化工厂建设中的一部分加以实施。

参考文献

［1］许树文，黄平.铺布机与自动裁剪系统应用维护［M］.上海：东华大学出版社，2010.

附录一　自动裁剪系统专业术语

自动裁剪系统裁床部分部件专用术语：

（1）轴线：用于描述裁剪台上运动力位置的假想线。裁剪机使用三条轴线：X（与桌长平行），Y（与桌宽平行），C（刀片方向）。

（2）横梁：刀头的支撑和座架，沿裁剪机桌面的长宽移动。

（3）横梁控制面板：连接在裁剪机上控制刀头和横梁的一组控制器。

（4）过窗：裁床上排版图的一部分，可以一次裁剪。过窗送料功能用来将裁头的移动与转移台的移动结合起来，可以用来自动裁剪一个较长的铺布。铺布面料按适合裁剪台桌面大小的部分来划分进行裁剪，每个部分称作一个过窗。

（5）裁剪机信息库：使用数据库监控裁剪机操作时间，并将其记录下来。

（6）命令：在终端（如操作员控制台上的PC或FEP）输入提交以执行的命令。

（7）鬃毛砖：装有鬃毛的模具，安装在传送带的板条或固定网格上，形成裁剪缝料的工作面。

（8）C轴：刀片旋转剪的一条假想直线。

（9）收料台：收料台是将裁片移出自动裁床的设备，由皮带构成，与裁台同步移动。

（10）裁剪文件：计算机资料文件，用于提示YYC Cutter如何裁剪铺布面料上的特定样片（排版图）。

（11）资料：磁盘内储存的信息。

（12）磁盘：计算机存储介质。

（13）磁盘驱动器：使计算机在磁盘上读写数据的驱动设备。

（14）默认：工厂编入计算机的设置或第一次安装自动裁床时进行的设置。直到选择其他设置来将其覆盖之前，系统将一直使用此设置。

（15）钻孔：连接在裁头上用于加工钻孔。

（16）空拉：刀片在面料外运行的距离。

（17）空运转：在不将刀片插入面料或者在面料上钻孔的情况下执行裁剪文件任务。

（18）紧急停止：可以在紧急状况下按下以停止所有操作的红色按钮。

（19）前端处理器：操作员控制台上将命令、裁剪文件资料和参数设置文件传送到动作控制计算机加以处理的计算机设备。

（20）硬盘驱动：控制运行YYC Cutter的设备。硬盘驱动使用刚性金属磁盘存储大量信息。

（21）硬件：计算机元件，例如监控器和键盘。

（22）刀尾：用刀尾进行裁剪，刀尾是刀刃上最后的边缘。

（23）原始点：裁剪台（X_0，Y_0）坐标。

（24）初始化：用于在下载完软件之后，设置裁剪桌面的（0，0）坐标。系统在处理排版图时，将此坐标作为参考。

（25）刀片智能：刀片智能（KI）具有以下特点。

（1）感应刀片由于裁剪难裁或高层的面料产生的误差（侧面压力）；

（2）改变刀片角度以补偿误差。

（26）工作列：工作列包含要连续裁剪的多个排版图或者裁割文件。每个排版图和其相应的设置文件称为一个工作。

（27）限制开关：设置裁头或横梁在裁剪桌面上移动的边界（限制）的开关。

（28）排版图：在裁剪机上处理的裁剪文件的另一种名称，也指显示要进行裁剪的铺布上的样片布局的文件。

（29）动作控制计算机（板卡）：回应前端处理器发出的指令，对裁床、横梁和裁头运动进行控制的计算机或控制板。

（30）网络：一组连接在一起的计算机。

（31）偏移：一个项目相对于另一个项目设置与定位不同的数值量。

（32）操作控制台：YYC Cutter进入软件和开始处理排线圈的位置，操作控制台包括监视器、键盘和带有硬盘驱动、磁盘驱动和CD-ROM驱动的计算机装置。

（33）暂停：裁剪文件命令，在操作员根据需要核对匹配点并回转载头时，停止自动裁床操作。

（34）原点：桌面上排版图开始位置（X_0，Y_0）。这个位置被设定在裁剪桌面靠收料端最近的排版图角落。

（35）参数：在参数设置文件中进行的设置。

（36）路径智能：路径智能（PI）通过使用嵌固程序，并测量刀片锋利度、真空量和XY压力来对裁剪速度进行完全或部分的控制。使用诊断/路径智能菜单上的功能来确保YYC cutter正常运行。

（37）程序：由计算机执行的一系列指令，指挥计算机的程序称为软件。

（38）右边：从送料端看裁剪台的右侧。

（39）左侧：从送料端看裁剪台的左侧。

（40）伺服电动机：沿X轴移动横梁或者在裁剪机Y轴上沿横梁移动刀头的电动机。

（41）设置：参数设置是包含根据布层厚度、面料特性和排版图宽度，启动或关闭多种不同功能、选项和模式的参数文件。

（42）软件：在YYC cutter上运行并与使用者进行交互式交流的计算机程序。

（43）铺布：一层或多层铺在裁剪机上进行裁剪的面料，也可称为层。

（44）排气管：垂直安装的将真空从YYC Cutter排出的管道。

（45）收料端：裁剪机上裁剪后将裁片和碎布料移出的一端。

（46）送料端：裁剪机上从铺布台上接受裁剪面料的一端。

（47）X轴：坐标系的水平参考线。YYC Cutter上，X轴沿桌长从送料端到收料端方向。

（48）Y轴：坐标系的垂直参考线。YYC Cutter上，Y轴为沿桌宽从左到右的方向。

（49）废屑：钻孔操作产生的织物碎屑。

（50）控制台侧：操作员控制台所在的裁床一侧。

（51）数据：用于操作YYC cutter®裁床的软件设置和信息。

（52）空送：刀头在织物上方移动的距离。

（53）电源架：在裁台上方托起电缆和空气软管的装置。真空系统的排气管也安装在电源架上。

（54）外侧：与控制台相对的裁床的另一侧。

（55）伺服电动机：带动横梁沿X轴移动、刀头沿Y轴移动或者使裁刀绕C轴移动的电动机。

（56）磨刀组件：安装在刀头上用来磨快刀片的磨具。

（57）变频驱动：控制真空泵速度的预置电子装置。

附录二　自动裁剪系统的安全说明、标识、警告与注意事项

一、安全说明

在操作YYC Cutter®裁床之前，请阅读并理解所有安全说明，以防止人身伤害、死亡或设备损坏。

二、安全标识

自动裁剪系统附有多种安全标志，这些安全标识位于YYC Cutter®裁床的不同位置，包括刀头、横梁和电气设备箱上。

附表1　安全标志与说明

符号	含义	符号	含义
	电气接地	LASER RADIATION AVOID DIRECT EYE EXPOSURE CLASS 3R LASER PRODUCT	警告：眼睛避免直接暴露于激光下
	接地		小心夹手
	机架/座接地	⚠DANGER Moving parts can crush and cut. Do not operate with guard removed. Follow lockout procedure before servicing.	危险：运动部件，可能会造成碾压和切削
	接地端子	⚠WARNING To avoid injury, you MUST read and understand technical manual before servicing this machine.	警告：使用本机器前，请务必先阅读并理解"入门手册"
	小心电击	⚠WARNING Read and understand operator's manual before using this machine. Failure to follow operating instructions could result in death or serious injury.	警告：为避免受伤，使用本机器前请务必先阅读并理解"入门手册"
	擦伤危险	⚠CAUTION Hot surface. Do not touch.	注意：表面很热。切勿触摸（真空排气管和消声器表面可能会很热）
	运动部件		

三、警告与注意事项

在执行一些操作或步骤之前，要先查看的警告和注意事项。请始终严格遵守这些预防措施，以防止人身伤害或设备损坏。

· 警告　信息标示于可能导致人身伤害、死亡或者设备损坏的步骤前。

· 注意事项　标示于可能引起设备损坏的步骤前。

1. 危险步骤

请始终严格遵守警告与注意事项。还请遵守所有其他必要的安全说明，以确保设备在其操作位置安全运转。

2. 设备培训

只有通过培训才可以操作本机器。

3. 勿单独维护

不要独自进行设备维护。务必有另一人在场，以在必要时实施急救。

4. 带电电路

真空箱、电气面板和电控箱内有高电压。这些装置内的部件均无须维修。真空箱由两条高压电路供电：

　　·控制系统用单相　220V交流电。

　　·真空发生器用三相　380V交流电。

必须先切断电路电源，受过培训的维护人员才能在这些装置内安全操作。每条供电线路都必须有一个符合当地电气规范的主开关。

5. 维修前对裁床断电

断路器与断路器开关安装在外侧，在排风管和电源架的右侧。这些开关可以对真空系统、YYC CNC、裁床控制器、伺服电动机和履带进行断电。

进行维护前：断开标示为220V的断路器的电源，以停止除真空系统外所有系统的电源供应；断开标示为380V的断路器的电源，以停止真空系统的电源供应。

6. 裁床停用期间断电

使用位于操作员控制台内的on/off（开/关）控制裁床、触摸屏和低压设备的供电和断电。

7. 压缩空气

请勿使用压缩空气来清除衣服或皮肤上的纤维绒和尘土。若不遵守，可导致人身伤害。

8. 纤维绒

更换裁台和排风管的过滤器时，请佩戴合适的口罩。若不遵守，可导致人身伤害。

9. 勿在易于爆炸的空气中操作

处理诸如清洁溶剂之类的易燃液体时务必谨慎。切勿在易燃烟气附近操作裁床。

10. 激光

激光指向裁台表面。它属于Ⅲr级激光产品，波长为670nm时最高功率为5MW。维护裁床前请关掉光源。使用本手册未包含的控件或调节部件，或者采取本手册未包含的操作步骤，可能会导致危险的辐射暴露。

⚠️切勿直视激光源，这样可能对眼睛造成暂时或永久性的伤害。直接而刺目的激光反射也会导致眼睛伤害。给光源供电之前，请从裁台上拿走反射性物品（如珠宝和镜子）。

11.运动机械

使手远离所有运动机器部件以防止受伤。确保操作时无他人在机器附近。

12.更换零件

若有任何零件损坏或遗失，通知广东元一科技现场维修代表。不要使用未经广东元一科技批准的零件或改装零件。使用此类零件会导致设备损坏或人身伤害。

13.着装

在机器附近，请勿穿着宽松服装、戴项链、打领带、佩戴饰品或者留长发。若不遵守，可导致人身伤害。

14.硬件说明

紧急制动开关。紧急制动开关功能可在人员、机器或裁料出现危险时立即停止系统。它停止所有电动机和工具，并切断所有伺服电动机电源。它也停止所有部件的运动，包括履带、真空泵、刀头和横杆。

紧急制动功能以下列方式激活：按下四个红色紧急制动开关中的任意一个；人或物体碰触到两个黄色紧急制动压杆中的任意一个。

紧急制动后只对触摸屏供电。数据将被保存，再次使用裁床前须执行裁床恢复程序。